PROJEKTE *für Holzwerker*

Doug Stowe

Kleine Schränke

8 faszinierende Modelle

Impressum

Übersetzung: Waltraud Kuhlmann, Bad Münstereifel
Verlag und Übersetzerin danken Guido Henn für Hinweise.
Fachliche Beratung: Heiko Rech, St. Wendel

Produziert von PrintMediaNetwork, Oldenburg
Printed in Europe

ISBN 978-3-86630-989-0
Best.-Nr. 9168

HolzWerken
Ein Imprint von Vincentz Network GmbH & Co. KG
Plathnerstr. 4c, 30175 Hannover
www.holzwerken.net

Bitte beachten Sie unseren Sicherheitshinweis auf S. 100.

Inhalt

Einleitung 4

Hakenleistenschrank im Shaker-Stil 6
- Material zuschneiden 9
- Falz in Deckel und Boden schneiden 10
- Seitenwände herstellen 11
- Aufhänger herstellen und einpassen 12
- Rückwand herstellen 17
- Kanten schleifen und fräsen 18
- Seitenwände zusammenbauen 19
- Türscharniere anbringen 19
- Zusammenbau und Oberflächenbehandlung 22

Schlüsselkasten 24
- Schrankkorpus herstellen 28
- Bau der Tür 35

Zweitüriger Gewürzschrank 38
- Flachdübelverbindungen fräsen 42
- Rückwand einpassen 43
- Einlegeböden herstellen 44
- Deckel und Boden zuschneiden 45
- Schrankkorpus zusammenbauen 46
- Türkomponenten herstellen 48
- Türen herstellen und zusammenbauen 52
- Aufhänger herstellen und montieren 53
- Scharnierausklinkungen fräsen 54
- Türanschlag montieren 55

Oberflächenbehandlung 56
Designalternativen 57

Kirschholz-Vitrine 58

Deckel und Boden herstellen 62
Seitenwände und Türpfosten herstellen 65
Türen herstellen 66
Einlegeböden und Furniere herstellen 71
Montagevorbereitung 73
Zusammenbau 74
Türen fertigstellen 75

Schaukasten im Missionsstil 78

Seitenwände herstellen 82
Deckel und Boden vorbereiten 84
Türen und vorderen Rahmen herstellen 86
Deckel und Boden fertigstellen 89
Montagevorbereitung 91
Zusammenbau und Oberflächenbehandlung 92
Eine zeitgenössische Variante 94

Schränkchen im Stil der Gebrüder Greene 96

Fingerzinkenvorrichtung 100
Seitenwände und Deckel herstellen 102
Türen herstellen 104
Schrankkorpus zusammenbauen 108
Scharniere anbringen und Türen einpassen 110
Türen verstiften 110
Hakenleiste einbauen 111
Werkzeugschrank-Variante 112

Marmeladenschrank 114

Rahmenteile herstellen 119
Schrankkorpusfüllungen herstellen 120
Schrankkorpusteile fertigstellen 122
Deckel, Boden und Einlegeboden herstellen 127
Schrankkorpus zusammenbauen 128
Formteile herstellen 129
Deckel zusammenbauen und montieren 132
Türen herstellen 133
Beschläge und Einlegeböden einbauen 137

Von Krenov inspirierter Schrank 138

Schwalbenschwanzzinkungen schneiden 142
Schrankkorpus fertigstellen 145
Untergestell bauen 149
Türen herstellen 152
Schublade herstellen 157
Abschließende Detailarbeiten 158

Einleitung

Kleine Schränke sind größer als Brotkästen und ideal geeignet, um die eigenen Fähigkeiten zu perfektionieren und Holzbearbeitungstechniken zu üben. Sie können so einfach sein wie ein Kasten, aber auch so schwierig wie die filigranste Holzarbeit.

Ich kam zum Bau kleiner Schränke, als ich für eine sehr kleine Firma arbeitete, die Schränke aus Recyclingholz aus alten Scheunen herstellte. Nach und nach erweiterte ich meine Kenntnisse, entwickelte eigene Ideen und begann mit der Herstellung von Schaukästen für kleinere Läden und Galerien. Die meisten dieser Schränkchen leisten noch heute gute Dienste, sei es in den Räumen, für die sie ursprünglich hergestellt wurden, oder in unserem örtlichen Heimatmuseum.

Eines der ersten Stücke, das ich für meine Frau, eine Bibliothekarin, herstellte, war ein Gewürzschränkchen, in das sie unsere Küchengewürze in alphabetischer Reihenfolge einordnen konnte. Es ist heute noch so schön wie am ersten Tag. Ich kann Ihnen daher versichern, dass auch Ihre Schränkchen zu Familienerbstücken werden, an denen man Ihre Entwicklung als Handwerker wird ablesen können.

Der holzhandwerkliche Neueinsteiger sollte mit dem ersten Projekt beginnen. Die Projekte in den folgenden Kapiteln sind jeweils schwieriger und komplexer und daher eher für den durchschnittlich erfahrenen bis fortgeschritten Handwerker geeignet. Jeder vorgestellte Schrank lässt sich leicht für andere Zwecke modifizieren. Man kann die Techniken aus einem Projekt bei einem anderen verwenden, wenn sie dem eigenen Arbeitsstil oder den verfügbaren Werkzeugen besser entsprechen. So kann der Gewürzschrank auch mit Schlitz- und Zapfenverbindungen hergestellt werden, oder man gestaltet ihn einfacher mit Flachdübelverbindungen oder Dübeln. Ersetzt man Holzfüllungen durch Glastüren, wird aus einem kleinen Gewürzschrank der perfekte Schaukasten für Ihre private Sammlung.

Wer die Projekte in diesem Buch nacharbeiten möchte, sollte die Materialliste zur Orientierung nutzen, die Werkstücke bei der Arbeit jedoch immer wieder nachmessen. Es kann sein, dass Sie die Teile mit kleinen Abweichungen zuschneiden, was sich im Laufe des Projekts zu größeren Unterschieden summieren kann. Genauigkeit erreicht man am besten durch ständiges Messen.

Man sagt, das höchste Lob für einen Lehrer ist, wenn der Schüler ihn übertrifft. Ich wünsche Ihnen viel Erfolg beim Entwurf und bei der Herstellung Ihrer eigenen kleinen Schränke.

Hakenleistenschrank im Shaker-Stil

„Alle schönen Dinge wurden von Menschen gemacht, die etwas Nützliches herstellen wollten", so Oscar Wilde. Einen Beweis dieser These liefert die nachhaltige Schönheit der Shaker-Möbel. Die schlichte Funktionalität der Shaker-Arbeiten in Verbindung mit sorgfältiger handwerklicher Ausführung verleiht ihnen dauerhafte Attraktivität. Dieser von einer frühen Shaker-Arbeit inspirierte Schrank besteht aus amerikanischer Weißeiche, einem Holz, das Shaker-Handwerker bevorzugt verarbeiteten.

In diesem Projekt lernen Sie, wie Sie Teile mit einem Ablängschlitten auf die genaue Länge zusägen. Darüber hinaus lernen Sie, Scharnierausklinkungen von Hand zu schneiden. Viele Handwerker scheuen bei feineren Arbeiten die Verwendung von Nägeln. Nicht so die effizient und praktisch denkenden Shaker, die durchaus auf Nägel zurückgriffen, wenn es angebracht war. Aus Respekt vor dem Original, auf das dieses Projekt zurückgeht, habe ich Schnittnägel verwendet, die an Nägel mit rechteckigem Kopf erinnern, wie sie in frühen Jahren des Shaker-Designs verwendet wurden. Natürlich können Sie Holz nach Ihrem Wunsch verwenden und das Projekt auch maßstäblich vergrößern, damit es für Ihren Bedarf zweckmäßiger wird.

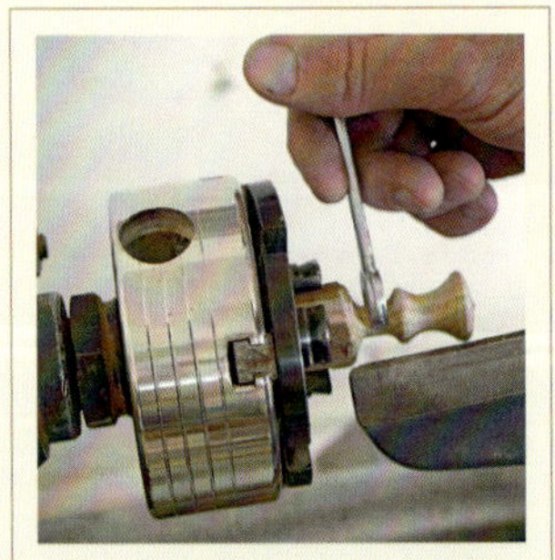

Hakenleistenschrank im Shaker-Stil

Wie viele andere kleine Shaker-Möbel ist auch dieser Schrank dazu gedacht, als mobiles Möbel an einer Hakenleiste zu hängen. Auf der Rückseite befindet sich eine angeschrägte Befestigungsleiste, die es ermöglicht, den Schrank zum Saubermachen oder Anstreichen leicht von der Wand zu nehmen.

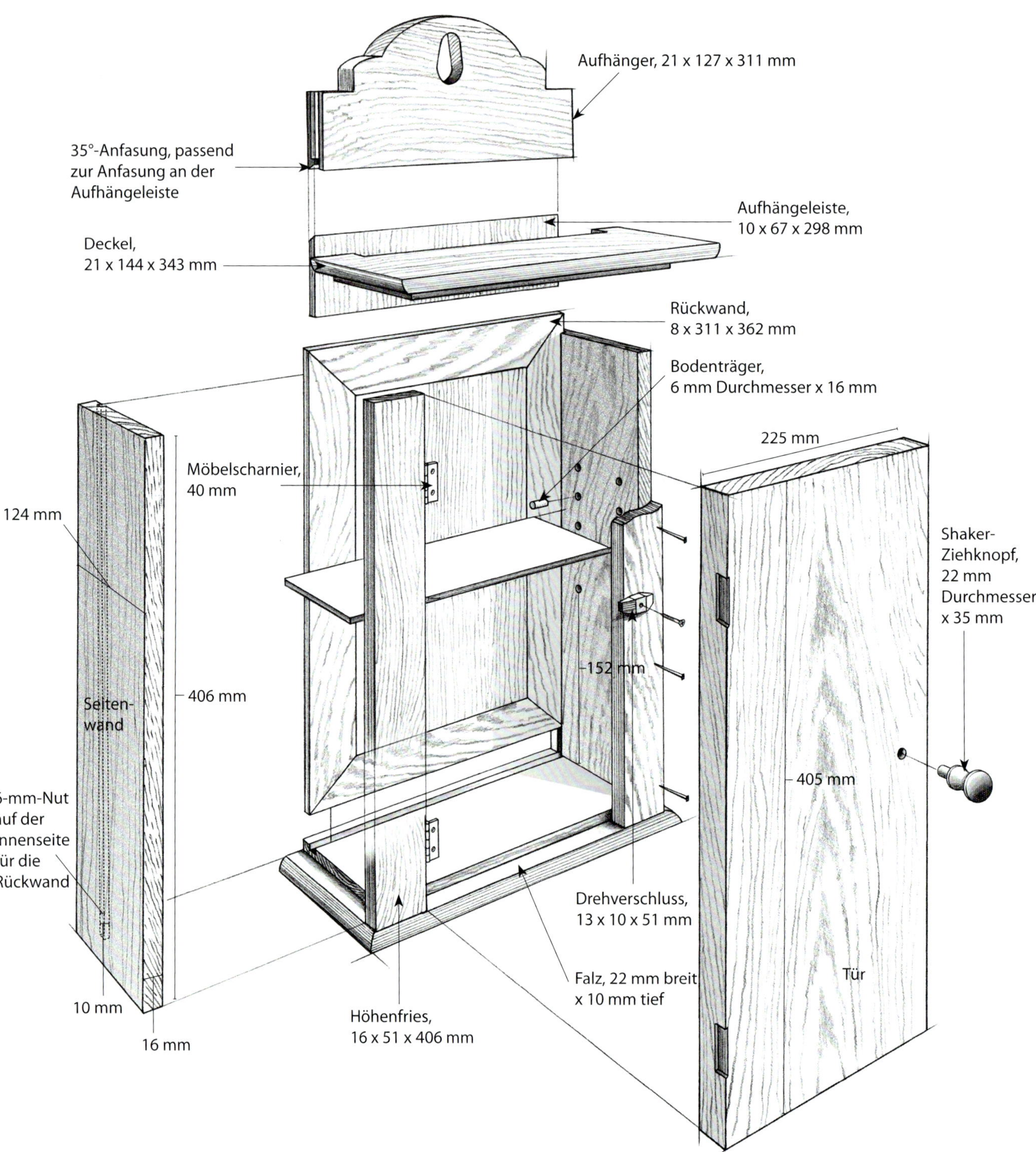

Materialliste Hakenleistenschrank im Shaker-Stil

Anzahl	Bezeichnung	Abmessung	Bemerkung
2	Höhenfriese	16 x 51 x 406 mm	Weißeiche
2	Seitenwände	16 x 124 x 406 mm	Weißeiche
2	Deckel und Boden	21 x 144 x 343 mm	Weißeiche
1	Aufhänger	21 x 127 x 311 mm	Weißeiche
1	Aufhängeleiste	10 x 67 x 298 mm	Weißeiche
1	Tür	14 x 225 x 405 mm	Weißeiche
1	Rückwand	24 x 401 x 362 mm	Weißeiche
1	Einlegeboden	10 x 108 x 298 mm	Weißeiche
4	Bodenträger	6 mm Durchmesser x 16 mm	Zuschnitt aus Holzdübel
1	Shaker-Ziehknopf	22 mm Durchmesser x 35 mm	Weißeiche
1	Drehverschluss	13 x 10 x 51 mm	Weißeiche
2	Messing-Möbelscharniere	20 x 40 mm	Baumarkt
11	Messingschrauben	3,2 mm Durchmesser x 25 mm	
18	Schnittnägel mit rechteckigem Kopf	38 mm lang	

Material zuschneiden

Schneiden Sie Ihr Material aus sägerauem Holz zu. Falls das Holz verzogen oder verdreht ist, führen Sie es über den Abrichthobel, bis es eben ist.

1. Hobeln Sie das sägeraue Material auf die gewünschte Stärke (**Foto A**): Zunächst die Ober- und Unterseite hobeln und nach dem Sägen auf die richtige Breite die Seiten hobeln.

2. Ehe Sie die Teile längs auf das gewünschte Maß sägen, richten Sie eine Kante mit dem Abrichthobel gerade ab.

3. Sägen Sie die Teile der Länge nach auf der Tischkreissäge auf die richtige Breite. Um identische Maße zu erhalten, sägen Sie alle Teile einer Breite, ehe Sie den Parallelanschlag auf ein anderes Maß einstellen.

4. Verwenden Sie zum Ablängen der Teile einen Ablängschlitten mit Stoppklotz. Damit sägen Sie die Teile exakt auf die vorgegebene Länge.

HOBELN SIE DAS MATERIAL AUF DIE RICHTIGE STÄRKE. Ist es verzogen, schneiden Sie die Teile in Länge und Breite mit etwas Übermaß zu, richten auf dem Abrichthobel ab und hobeln dann.

Falz in Deckel und Boden schneiden

BEI DEN ERSTEN SCHNITTEN liegt das Material flach auf dem Sägentisch. Sägen Sie zuerst die Schmalseiten, und legen Sie dann die Längsseite gegen den Anschlag.

Falze an drei Seiten von Deckel und Boden sorgen für eine stabile Verbindung mit den Seitenwänden und dem Rahmen und lassen den Deckel und den Boden schlanker und leichter erscheinen. Darüber hinaus stellen sie einen Anschlag für die Schranktür dar. Der fertige Falz ist 22 mm breit und 10 mm tief.

1. Stellen Sie die Schnitthöhe des Tischkreissägenblattes auf 10 mm ein und den Anschlag so, dass der Schnitt exakt 22 mm neben der Materialkante erfolgt. Sägen Sie zunächst die Schmalseiten. Verwenden Sie dazu einen Gehrungsanschlag. Drücken Sie das Material fest gegen den Anschlag, und führen Sie die Schnitte an den Längsseiten auf der Vorderseite jedes Teiles aus (Foto B).

2. Zum Fertigstellen des Falzes stellen Sie die Teile aufrecht. Arbeiten Sie mit einer Druckleiste, damit das Brett fest am Anschlag anliegt. Erhöhen Sie die Schnitthöhe auf 22 mm. Stellen Sie den Parallelanschlag auf 11 mm Abstand zum Sägeblatt ein. Sägen Sie zunächst die Schmalseiten und dann die Längsseite (Foto C).

STELLEN SIE DAS BRETT ZUM FERTIGSTELLEN der Falze aufrecht. Die Druckleiste stabilisiert das Werkstück und drückt es fest gegen den Anschlag.

Seitenwände herstellen

Der Einlegeboden ist bei diesem Schrank verstellbar. Sind die Seitenwände und die Höhenfriese auf richtige Länge gesägt, müssen Sie mehrere Löcher zur Aufnahme von kurzen Holzdübeln bohren, auf denen später der Einlegeboden ruht. Ebenso müssen Sie Nuten in die Seitenwände und den Boden sägen, die die Rückwand aufnehmen.

BOHREN SIE DIE LÖCHER FÜR DIE DÜBEL, die den verstellbaren Einlegeboden tragen. Arbeiten Sie auf der Ständerbohrmaschine mit Bohrtiefenbegrenzung, damit die Löcher nicht durch das Material hindurchgehen.

1. Reißen Sie die Lochpositionen auf den Seiten- und Rahmenteilen sorgfältig an. Sie müssen 44 mm von der Seitenwandhinterkante und 22 mm von der türseitigen Kante der Höhenfriese entfernt liegen. Reißen Sie sechs Löcher an, jeweils mit 25 mm Abstand zueinander ab Lochmitte, wobei das untere Loch etwa 152 mm oberhalb der Unterkante des jeweiligen Teils liegt. Sobald Sie eine Lochreihe angerissen haben, nehmen Sie Winkelmaß und Bleistift und übertragen die Markierungen von jedem Teil auf sein Gegenüber.

TIPPS & TRICKS

Wenn Sie beim Bohren in dünnes Material die Bohrtiefe einrichten, müssen Sie die Bohrerspitze berücksichtigen. Das gilt insbesondere bei einem Bohrer mit Zentrierspitze.

2. Die Löcher werden auf der Ständerbohrmaschine mit einem 6-mm-Bohrer gebohrt. Verwenden Sie einen Anschlag, damit der Abstand zur Werkstückkante jeweils gleich ist. Bohren Sie die Löcher etwa 10 mm tief, und achten Sie darauf, nicht bis zur Werkstückaußenseite durchzubohren **(Foto A)**.

3. Sägen Sie die Nuten im Boden und in den Seitenwänden zur Aufnahme der Rückwand auf der Tischkreissäge. Stellen Sie dazu den Parallelanschlag im Abstand von 10 mm zum Sägeblatt und die Schnitthöhe auf 6 mm ein. Ich mache einfach einen Schnitt und verbreitere diesen mit mehreren nebeneinanderliegenden Schnitten auf 6 mm **(Foto B)**. Man beachte, dass die Nuten nur an der hinteren Kante des Bodens und der Seitenwände gesägt werden, nicht am Deckel.

SÄGEN SIE DIE NUTEN AM DECKEL, Boden und den Seitenwänden zur Aufnahme der Rückwand auf der Tischkreissäge. Führen Sie dazu zunächst an jedem Teil einen Schnitt aus und verschieben den Anschlag dann für einen zweiten Schnitt, sodass die Nut auf 6 mm verbreitert wird.

Aufhänger herstellen und einpassen

Der Aufhänger wird teilweise vom Deckel verdeckt. Durch Zapfen ist er mit den Seitenwänden verbunden. Die Konstruktion verbirgt die Holzverbindungen und erlaubt das witterungsbedingte Arbeiten des Holzes.

1. Reißen Sie zunächst die Aussparung für den Aufhänger an der Deckelrückseite an. Ihre Breite hängt von der Form der oberen Partie des Aufhängers ab. Ich habe mich für 47 mm ab Aufhängerkante entschieden. Bei diesem Maß kann der sichtbare Teil des Aufhängers 248 mm breit sein. Die Schnitttiefe entspricht mit 21 mm der Materialstärke des Aufhängers.

2. Ist die Lage der vertikalen Schnitte angerissen, setzen Sie einen Stoppklotz an den Anschlag des Ablängschlittens. Dadurch wird die Aussparung zentriert (**Foto A**).

3. Ziehen Sie von einem Sägefugenende zum anderen eine Linie. Sie definiert, wo Sie mit der Bandsäge Holz entfernen müssen. Auf der Bandsäge sägen Sie zunächst schräg bis zur Linie und dann an ihr entlang. Lassen Sie etwas Material stehen, das Sie zum Schluss entfernen. Drehen Sie dann das Werkstück um, und sägen Sie von der anderen Seite (**Foto B**).

4. Damit die Öffnung rechtwinklig wird, entfernen Sie das Holz mit mehreren Schnitten auf der Tischkreissäge. Führen Sie die Schnitte leicht überlappend aus, bis der Großteil des Holzes entfernt ist. Zum Schluss lassen Sie das Werkstück bei laufender Säge über das Sägeblatt gleiten und drücken den Schlitten so weit vor, bis das Blatt schneidet (**Foto C**). Dann schieben Sie das Werkstück vom Stoppklotz weg, bis der Schnitt über die Mitte hinaus erfolgt ist. Drehen Sie das Werkstück an den Schmalseiten in Querrichtung, und wiederholen Sie den Vorgang auf der anderen Seite.

ZUR POSITIONIERUNG DES VERTIKALEN SCHNITTES arbeiten Sie mit Ablängschlitten und Stoppklotz. Sägen Sie zunächst das eine, dann das andere Ende. Mit dem Stoppklotz stellen Sie sicher, dass die Schnitte von jedem Ende gleich weit entfernt liegen.

ENTFERNEN SIE DAS HOLZ zwischen den beiden Sägefugen mit der Bandsäge. Sägen Sie zunächst schräg auf die Linie zu, dann entlang der angerissenen Linie, und verbleiben Sie dabei stets auf der Verschnittseite.

SÄGEN SIE DEN SCHNITT RECHTWINKLIG. Dazu verwende ich die Tischkreissäge mit einem Flachzahnblatt. Schieben Sie das Werkstück mehrmals hin und her. Sägen Sie mit Gefühl, lassen Sie das Werkstück über das Blatt gleiten, schieben Sie den Schlitten vorwärts, und sägen Sie dann erneut. (Anm. z. dt. Ausgabe: Dieses Verfahren ist nur zulässig, wenn nur wenige Zehntel Millimeter Material abgetragen werden.)

Die Holzverbindungen am Aufhänger sägen

DIE ZAPFENBRÜSTUNGEN AN DEN ENDEN DES AUFHÄNGERS werden auf der Tischkreissäge gesägt. Sägen Sie zunächst auf einer Seite, drehen Sie dann das Werkstück an den Schmalseiten in Querrichtung, und sägen Sie die andere Seite. Stellen Sie die Schnitthöhe neu ein, ehe Sie auf der gegenüberliegenden Seite die gleichen Schnitte ausführen.

Der Aufhänger wird in die Seitenwände verzapft und in die gleichen Nuten eingelassen wie die Rückwand. Die Zapfen werden abgesetzt, damit der Aufhänger mit der Seitenwandhinterkante bündig ist. Die Zapfenbrüstungen an der Aufhängerrückseite sind 10 mm tief. An der Aufhängervorderseite sind sie 5 mm tief. Da die Zapfen nur 6 mm lang sind, können Sie sie durch allmähliches Entfernen des Holzes von der Brüstung bis zum Zapfenende sägen. Alternativ verwenden Sie eine Zapfenscheidevorrichtung (zum Selbstbau der Vorrichtung siehe S. 49).

1. Versehen Sie den Anschlag des Ablängschlittens zur Begrenzung der Zapfenlänge auf 6 mm mit einem Stoppklotz. Stellen Sie dann die Schnitthöhe passend zur Lage der in die Seitenwände gesägten Nuten auf 10 mm ein. Drehen Sie das Werkstück an den Schmalseiten in Querrichtung, und sägen Sie die Zapfenbrüstungen am gegenüberliegenden Ende. Dann zum Sägen der Zapfenbrüstungen an der Aufhängerinnenseite die Schnitthöhe auf 5 mm einstellen (Foto D).

2. Das Holz an den Zapfenwangen können Sie mit mehreren aufeinanderfolgenden Schnitten entfernen. Legen Sie dazu das Werkstück auf den Ablängschlitten und schieben es bei jedem Schnitt allmählich vom Blatt weg. Alternativ verwenden Sie zum Sägen der Zapfenwangen die Tischkreissäge mit einer Zapfenschneidevorrichtung (Foto E).

SÄGEN SIE DIE WANGEN MIT EINER ZAPFENSCHNEIDEVORRICHTUNG. Sägen Sie zunächst die eine Wange, dann drehen Sie das Werkstück an den Schmalseiten in Querrichtung und sägen den Zapfen auf der gegenüberliegenden Seite. Bringen Sie den Anschlag wieder in Position, und sägen Sie die Zapfenwangen auf der gegenüberliegenden Seite.

DIE NUT AN DER AUFHÄNGERUNTERSEITE wird auf der Tischkreissäge gesägt. Stellen Sie dazu die Schnitthöhe auf 13 mm ein, und verbreitern Sie die Nut mit mehreren Sägeschnitten bei jeweils veränderter Anschlagposition auf 6 mm.

3. Nun sägen Sie die 6-mm-Nut zur Aufnahme der Rückwand. Da die Aufhängerrückseite zum Aufhängen eine 35°-Anfasung erhalten soll, sägen Sie diese Nut 13 mm tief (und nicht 6 mm tief wie die Nuten an den Seitenwänden und am Boden). Verbreitern Sie durch Verschieben des Anschlags auch diese Nut auf 6 mm, sodass sie zur Nutbreite an den Seiten und am Boden passt (**Foto F**).

4. Um die 35°-Fase an der Aufhängerunterkante und an der Aufhängerleistenoberkante zu sägen, muss man einen Hilfsanschlag aus Holz an den Parallelanschlag montieren. Neigen Sie das Sägeblatt auf 35°, und sägen Sie den Hilfsanschlag zu. Dann befestigen Sie ihn mit einer Schraubzwinge, wobei darauf zu achten ist, dass die Schraubzwinge die Bewegung des Werkstücks beim Schnitt nicht behindert. Die Aufhängerrückseite liegt auf dem Tisch auf und seine Unterseite zeigt in Richtung Anschlag. Richten Sie den Schnitt sorgfältig so aus, dass beim Ausformen der 35°-Fase möglichst wenig Material abgetragen wird (**Foto G**). Mit der gleichen Sägeneinstellung sägen Sie die 35°-Fase an der Oberkante der Aufhängerleiste. (In der Zeichnung auf S. 10 sehen Sie im Detail, wie die Teile zueinander passen.)

SÄGEN SIE QUER ZUR AUFHÄNGERUNTERKANTE eine 35°-Fase. Der Aufhänger liegt dazu mit seiner Rückseite flach auf dem Sägentisch.
Die meisten Sägen in Europa schwenken zur anderen Seite. Dann müsste man das Holz hochkant am Anschlag entlang führen.

Detail Aufhänger

Für die Kontur der oberen Partie des Aufhängers zeichnen Sie sich eine Schablone. Orientieren Sie sich an den folgenden Abmessungen.

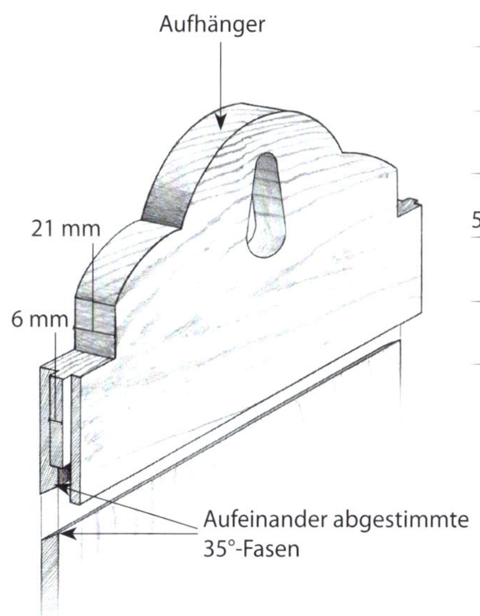

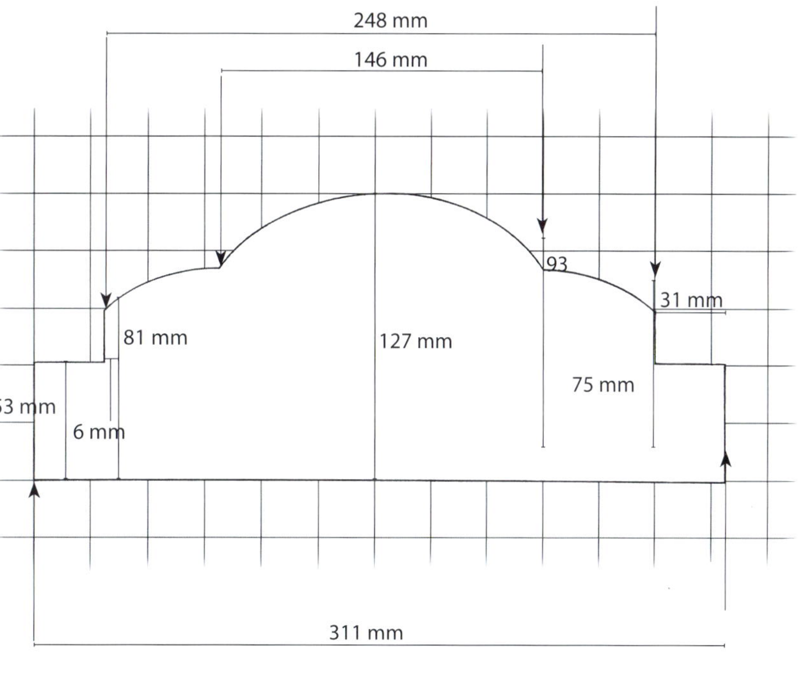

Die Aufhängerleiste wird an der Wand befestigt. Ihre 35°-Fase passt zur Fase an der Unterkante des in den Schrank integrierten Aufhängers.

Aufhängerkontur zuschneiden

1. Der Zuschnitt der Aufhängerkontur beginnt mit einer Ausklinkung, auf der später der Deckel ruht. Messen Sie 53 mm ab Aufhängerunterkante. Führen Sie den Schnitt bei aufrecht stehendem Aufhänger durch. Befestigen Sie einen Stoppklotz am Anschlag des Ablängschlittens, um beidseitig die gleiche Entfernung sicherzustellen. Dann stellen Sie eine Schnitthöhe von 31 mm ein (25 mm in den Aufhängerkorpus hinein plus 6 mm für den Zapfen) **(Foto H)**. Ziehen Sie dann mit Winkelmaß und Bleistift von beiden Sägefugenenden eine Linie zur Aufhängeroberkante. Sie definiert die Brüstung der Ausklinkung.

DEN ZUSCHNITT DER AUFHÄNGERKONTUR passend zum Schrankdeckel beginnen Sie mit einem Schnitt in jede der beiden Schmalseiten.

SCHNEIDEN SIE MIT DER SCHERE aus zur Hälfte gefaltetem Papier eine Schablone für den Aufhänger zu. Man überträgt die Form vor dem Sägen auf den Aufhänger.

SÄGEN SIE DIE AUFHÄNGERKONTUR auf der Bandsäge. Bleiben Sie stets auf der Verschnittseite der Anrisslinie, damit noch Material für abschließendes Schleifen und Ausformen verbleibt.

2. Schneiden Sie eine Schablone in der Form der oberen Aufhängerpartie, und übertragen Sie sie auf das Material **(Foto I)**.

3. Sägen Sie die Kontur der oberen Partie sorgfältig auf der Bandsäge **(Foto J)**.

4. Formen Sie mit Bandschleifer und Tellerschleifmaschine nach und nach die obere Aufhängerpartie aus. Bohren Sie anschließend mit zwei Bohrerstärken Löcher in die obere Partie als Basis für das Aufhängeloch für einen Shaker-Haken **(Foto K)**.

5. Entfernen Sie das Holz zwischen den beiden Löchern mit einem geraden Stechbeitel **(Foto L)**. Zur Vermeidung von Faserausrissen arbeiten Sie zunächst von der einen, dann von der anderen Seite.

6. Glätten Sie die Aufhängerkante mit einer Schleifwalze oder Raspel, um etwaige Bandsägenspuren zu entfernen.

BOHREN SIE ZWEI LÖCHER mittig untereinander in den Aufhänger, wobei das untere so groß sein muss, dass es über einen Shaker-Haken passt.

ENTFERNEN SIE DAS HOLZ zwischen den Löchern mit einem geraden Stechbeitel.

Rückwand herstellen

TRENNEN SIE MIT DER BANDSÄGE und einem Anschlag 25 mm starkes Material in der Mitte auf. Die Bretter zeigen dadurch eine spiegelbildlich gleiche oder gestürzte Maserung.

Die Rückwand besteht aus Gründen der Materialersparnis aus aufgetrenntem Holz. Nach dem Verleimen des Materials und dem Hobeln auf die gewünschte Stärke werden die Kanten angefast, damit die Rückwand in die Nuten passt.

1. Sägen Sie sägeraues 25 mm starkes Material in der Mitte durch, sodass Sie etwa 11 mm starke Bretter erhalten **(Foto A)**. Bearbeiten Sie die Bretter mit Abricht- und Dicktenhobel, bis beide Seiten nahezu glatt sind. Dann richten Sie die Kanten ab.

ZIEHEN SIE DIE SCHRAUBZWINGEN fest an, und achten Sie darauf, dass alle Bretter eine ebene Fläche bilden.

2. Legen Sie Ihre Schraubzwingen zum Verleimen bereit. Tragen Sie auf jedes Brett eine Spur Leim auf, und setzen Sie die Zwingen an. Achten Sie darauf, dass die Bretter beim Anziehen plan und eben bleiben **(Foto B)**. Legen Sie das Werkstück beiseite, damit der Leim abbinden kann (mindestens 45 Minuten, besser länger). Ist der Leim vollständig ausgehärtet, hobeln Sie die Rückwand beidseitig auf eine gleichmäßige Stärke von 8 mm. Sägen Sie dann die Rückwand auf das fertige Maß.

3. Kippen Sie das Tischkreissägeblatt auf 3°, und fasen Sie alle vier Seiten bei aufrecht stehender Rückwand an **(Foto C)**. Den Schnitt müssen Sie ggf. korrigieren, bis die Kante in die Nuten der Seitenwände, des Bodens und des Aufhängers passt.

FASEN SIE DIE RÜCKWAND AUF DER TISCHKREISSÄGE auf 3° an. Ein an den normalen Parallelanschlag befestigter hoher Hilfsanschlag stützt das Werkstück ab und hält Ihre Finger vom Sägeblatt fern.

Kanten schleifen und fräsen

FORMEN SIE DIE KANTEN VON DECKEL UND BODEN mit einem Abrundfräser. Verrunden Sie zunächst die Außenkantenecken, wobei die Werkstücke flach auf dem Frästisch liegen. Stellen Sie dann den Anschlag zum Fräsen der gegenüberliegenden Kanten ein. Das Werkstück steht hochkant und wird zwischen Anschlag und Fräser hindurchgeführt. (Der Pfeil zeigt die Fräsrichtung an.)

Das Verrunden der Kanten von Deckel und Boden mit einem Abrundfräser mit kleinem Radius verleiht dem Schrank ein professionelleres Aussehen und entspricht der traditionellen Kantenbearbeitung der Shaker.

1. Montieren Sie zum Fräsen eines Profils an die Kanten von Deckel und Boden einen 10-mm-Abrundfräser in den Frästisch. Der erste Schnitt erfolgt bei flach auf dem Tisch liegender Werkstückaußenseite (Deckeloberseite und Bodenunterseite). Der zweite Schnitt erfolgt an der Innenseite, wobei das Werkstück hochkant zwischen Anschlag und Fräser steht **(Foto A)**. Fräsen Sie anfangs mit Gefühl, damit Sie nicht bis in die Bereiche verrunden, wo der Rahmen und die Seitenwände an diese Teile stoßen.

2. Schleifen Sie die Kanten von Aufhänger, Boden und Deckel mit dem Schwingschleifer, um etwaige Werkzeugspuren zu entfernen und die Ecken zu glätten **(Foto B)**. Schleifen Sie jedoch nicht zuviel, vor allem nicht dort, wo der Deckel präzise an andere Teile passen muss.

GLÄTTEN SIE DIE WERKSTÜCKKANTEN und auch die des Aufhängers mit dem Schwing- oder Exzenterschleifer.

TIPPS & TRICKS

Achten Sie beim Schleifen darauf, die Teile nicht an Stellen zu verrunden oder ihnen eine falsche Form zu geben, an denen sie eine präzise Passung haben müssen. Andernfalls entstehen hässliche Lücken.

Seitenwände zusammenbauen

LEIMEN SIE DIE RAHMENHÖHENFRIESE an die Seitenwände. Achten Sie darauf, dass die Kanten während des Festziehens der Schraubzwingen fluchten. Ggf. müssen Sie korrigieren.

SOWIE DER LEIM VOLLSTÄNDIG TROCKEN IST, bohren Sie mit einem 3-mm-Bohrer Führungslöcher für die Schnittnägel. Statt der Nägel könnten Sie auch 3-mm-Dübel verwenden, die dem Schrank ein anderes, gleichwohl ebenfalls traditionelles Aussehen geben würden

Vor dem Schleifen der Seitenwände leimen Sie die Höhenfriese des Rahmens an die Seitenwände. Dabei bleiben die Schraubzwingen so lange angezogen, bis der Leim abgebunden hat. Die Kanten müssen perfekt ausgerichtet sein. Überprüfen Sie beim Anziehen der Schraubzwingen immer wieder, ob sich die Teile nicht verschoben haben.

1. Tragen Sie Leim auf die Vorderkante der Seitenwand auf (die Nut muss hinten liegen). Richten Sie den Höhenfries sorgfältig auf der Seitenwand aus. (Achten Sie darauf, dass die in Kantennähe liegenden Löcher für die Bodenträger keinen Leim abbekommen). Befestigen Sie beide Teile mit Zwingen aneinander an der Werkbankkante. Nach dem Festziehen prüfen Sie, ob die Teile immer noch ausgerichtet sind **(Foto A)**. Lassen Sie den Leim vollständig trocknen.

2. Bohren Sie passend zu den Schnittnägeln Führungslöcher mit 3 mm Durchmesser in die Höhenfriese. Die Nägel würden das trockene Laubholz spalten, daher sind genau passende Führungslöcher wichtig **(Foto B)**. Schlagen Sie die Nägel vorsichtig ein.

Türscharniere anbringen

Der Einbau eines Scharnierpaares geht von Hand etwa genauso einfach wie mit anderen Methoden, vor allem, wenn Sie die Zeit für das Einrichten der Maschinen mit einrechnen. Bei einem von den Shakern inspirierten Projekt wie diesem scheint es mir besonders angemessen, die eigenen handwerklichen Fähigkeiten zur Geltung zu bringen.

1. Übertragen Sie die Scharniermaße mit einem Streichmaß auf die Tür. Stellen Sie dazu zunächst die Breite der Ausklinkung für das Scharnier so ein, dass der Scharnierstift zur Hälfte aus dem Schrank herausragt. Dieser Überstand verhindert, dass das Scharnier klemmt **(Foto A)**.

RICHTEN SIE DIE STREICHMASSSPITZE auf das Maß aus, um das der Scharnierstift herausragen soll. Stellen Sie dann die Tiefe ein, in der das Scharnier in die Tür eingelassen werden soll.

2. Reißen Sie die Position des Scharniers mit Bandmaß, Winkelmaß und Bleistift auf der Türkante an. Kurze Bleistiftmarkierungen zeigen an, wo die Ausklinkung für das Scharnier beginnt und endet. Richten Sie das Winkelmaß an den Bleistiftmarkierungen aus, reißen Sie die Linien an, und verlängern Sie sie bis auf die Werkstückvorderseite, damit man die Scharnierpositionen auch auf die Seitenwände übertragen kann **(Foto B)**.

3. Reißen Sie zwischen den Bleistiftlinien mit der Streichmaßspitze an **(Foto C)**.

TIPPS & TRICKS

Das Geheimnis einer sauberen Anrisslinie ist eine scharfe Streichmaßspitze und kontrollierte Führung. Halten Sie den Schaft leicht schräg und den Anschlag fest gegen die Werkstückkante.

4. Richten Sie die Tür an der Seitenwand entsprechend ihrer späteren Lage aus, um die Scharnierpositionen mithilfe der Bleistiftlinien zu übertragen **(Foto D)**. Ist die Scharnierposition festgelegt, reißen Sie mit dem Streichmaß die Linie für die Hinterkante der Ausklinkung an, wie Sie es im vorherigen Schritt an der Tür bereits getan haben.

5. Nun stellen Sie das Streichmaß so ein, dass die Spitze auf etwas weniger als die halbe Stärke des Scharnierstifts eingerichtet ist. Dazu richten Sie die Nadel genau auf die Mitte des Scharnierstifts ein und setzen dann ein klein wenig zurück **(Foto E)**. Eine weitere einfache Methode besteht darin, mit

REISSEN SIE DIE LÄNGE DER AUSKLINKUNG mit Winkelmaß und Bleistift auf der Türkante an.

REISSEN SIE MIT DER STREICHMASSSPITZE zwischen den Bleistiftmarkierungen eine Linie an. Die Markierung muss so tief sein, dass man den Stechbeitel für den Schnitt gut ansetzen kann.

STELLEN SIE DAS STREICHMASS auf etwas weniger als die Hälfte des Scharnierstifts ein.

ÜBERTRAGEN SIE DIE ANRISSE von der Tür auf die Seitenwand. Halten Sie die Tür exakt in der Position, in der sie aufgehängt wird, damit an der Türober- und -unterkante genügend Spiel bleibt.

einem Skalenmessschieber am Scharnierstift die Gesamtdicke des geschlossenen Scharniers zu messen. Das Maß wird durch zwei geteilt und um 0,4 – 0,8 mm reduziert. Dann stellen Sie das Streichmaß auf dieses Maß ein. Vergessen Sie nicht, dass sich der tatsächliche Spielraum verdoppelt, da Sie zwei Scharnierausklinkungen haben: eine an der Tür und eine zweite an der Seitenwand.

6. Reißen Sie mit dieser Streichmaßeinstellung die Ausklinkungstiefe zwischen den Bleistiftmarkierungen auf Tür- und Seitenwandkante an **(Foto F)**.

MARKIEREN SIE DIE AUSKLINKUNGSTIEFE auf der Türkante und der Seitenwandkante, indem Sie mit dem Streichmaß zwischen den Bleistiftmarkierungen reißen. Es entsteht eine Linie, in der man den Beitel für den Schnitt von der Kante aus gut ansetzen kann.

Scharnierausklinkungen schneiden

1. Schneiden Sie mit einem geraden Stechbeitel entlang der Bleistiftlinien beiderseits der Scharnierausklinkung und quer zur Rückseite. Führen Sie dann mit dem Beitel einige Schnitte bis zur Tiefe der Anrisslinie an der Werkstückkante aus **(Foto G)**. Bei leicht schräg gehaltenem Beitel wird bei jedem Schnitt das angrenzende Material etwas angehoben und gelockert, was das Entfernen im nächsten Schritt erleichtert.

2. Stechen Sie nun mit einem breiten Beitel von der Kante aus ein, um die Ausklinkung fertigzustellen. Richten Sie dabei die Beitelschneide an der Anrisslinie aus **(Foto H)**. Achten Sie darauf, dass Ihre zweite Hand nicht im Weg ist, falls der Beitel abrutscht. Wurde das Material bis zur vollen Tiefe der Anrisslinie gelockert, kann es in der Ausklinkung ohne große Mühe entfernt werden. Alles überschüssige Material wird weggeputzt, bis der Ausklinkungsboden mit der Anrisslinie plan verläuft. Stellen Sie die anderen drei Ausklinkungen in der gleichen Weise her.

MACHEN SIE MEHRERE SCHNITTE bis hinunter zur Anrisslinie an der Kante. Wenn Sie den Beitel leicht schräg halten, wird das Holz gelockert, was das Entfernen im nächsten Schritt erleichtert.

PUTZEN SIE VON DER KANTE AUS entlang der Anrisslinie die Ausklinkung aus.

Scharniere einbauen

1. Die Führungslöcher für die Scharnierschrauben bohren Sie am besten mit einem Zentrierbohrer. Falls Sie keinen besitzen, markieren Sie die Lochmitte mit einer Ahle und bohren mit einem Bohrerdurchmesser vor, der etwas kleiner als die Scharnierschraubendicke ist. Neigen Sie die Bohrerspitze etwas zur Hinterkante der Ausklinkungen, damit die Schrauben das Scharnier fest in seine Position ziehen (**Foto I**).

2. Ziehen Sie die Schrauben mit einem geeigneten Handschraubendreher sorgfältig an.

DRÜCKEN SIE BEIM BOHREN DER LÖCHER das Scharnier fest gegen die Hinterkante der Ausklinkung, damit es beim Eindrehen der Schrauben fest angezogen wird.

TIPPS & TRICKS

Messingschrauben sind weich und werden leicht beschädigt. Beschichten Sie sie vor dem Eindrehen mit etwas Wachs. Alternativ können Sie zunächst eine gleich große Stahlschraube eindrehen und sie danach durch eine Messingschraube ersetzen.

Zusammenbau und Oberflächenbehandlung

Vor der Schrankmontage müssen alle Innenflächen geschliffen und für die Oberflächenbehandlung vorbereitet sein. Sind alle Teile einmal fest miteinander verbunden, haben Sie keine Gelegenheit mehr, innen zu schleifen. Nach dem Schleifen bauen Sie den Schrank mit der Rückwand beginnend zusammen.

1. Stellen Sie die Teile zusammen, und befestigen Sie sie mit Schraubzwingen in der richtigen Position. Für die Schnittnägel im alten Stil müssen Sie 3 mm starke Führungslöcher bohren. Bohren Sie bis zur vollen Nagellänge, damit das Holz nicht reißt.

2. Schlagen Sie die Nägel vorsichtig ein. Die Holzoberfläche darf nicht beschädigt werden (**Foto A**).

3. Stellen Sie aus Abfallholz einen Drehverschluss her. Zur Aufnahme einer Messingschraube wird er in der Mitte durchgebohrt. Schrägen Sie die Enden auf der Bandsäge an, und verrunden Sie die Ecken mit einem fest installierten Bandschleifer oder einem Exzenterschleifer. Die Form des Verschlus-

SCHLAGEN SIE DIE SCHNITTNÄGEL in die Falzbrüstungen von Deckel und Boden ein. Achten Sie darauf, dass alle Teile richtig sitzen, ehe Sie die Nägel einschlagen.

ses ist nicht entscheidend. Man findet diese Art Verschluss an vielen rustikalen Objekten. Sie stellt eine einfache, dennnoch effektive Art dar, eine Tür geschlossen zu halten **(Foto B)**.

4. Drechseln Sie aus Weißeiche einen Shaker-Knopf. So können Sie auf einfache und vergnügliche Art die eigenen Drechselkenntnisse verbessern. Der einzig schwierige Teil besteht darin, den Zapfen so zu formen, dass er in ein Loch in der Schranktür passt. Um festzustellen, ob der Zapfen passt, können Sie einen Maulschlüssel verwenden **(Foto C)**. Verzweifeln Sie nicht, wenn der Zapfen zu klein geworden ist. Machen Sie mit einem kleineren Maulschlüssel einen zweiten Anlauf, und nehmen Sie einfach einen passenden kleineren Bohrer, wenn Sie den Knopf einbauen. Haben Sie keine eigene Drechselbank, kaufen Sie im Fachhandel oder im Baumarkt einfach einen fertigen Shaker-Knopf wie den unten bei der Kirschbaumvariante gezeigten oder verwenden Sie einen aus Porzellan oder Glas.

5. Tragen Sie das von Ihnen gewünschte Oberflächenmittel auf. Zu einer Arbeit im Shaker-Stil passt eher ein eindringendes Oberflächenmittel, z. B. ein Möbelöl.

6. Schrauben Sie die Aufhängeleiste mit Flachkopfschrauben an die Wand, um den Schrank aufzuhängen. Mindestens eine Schraube muss in einem tragfähigen Teil der Wand liegen. Achten Sie darauf, dass der breitere Teil der Leiste nach vorne zeigt und die Aufhängeleiste gerade an der Wand hängt. Schieben Sie die Hinterkante des fest eingebauten Aufhängers auf die Leiste, bis sie einrastet.

EIN EINFACHER DREHKNOPF AUS RESTHOLZ verschließt die Tür. Achten Sie darauf, dass das Längsholz wie auf dem Foto abgebildet verläuft.

BEIM DRECHSELN DES KNOPFZAPFENS auf ein Standard-Bohrmaß können Sie einen Maulschlüssel als Lehre benutzen.

Eine Variante aus Kirschholz

Den Shaker-Wandschrank können Sie in unterschiedlichen Größen bauen. Möglicherweise sind größere Exemplare wegen ihres Gewichts und ihrer Abmessungen allerdings zum Aufhängen an Shaker-Hakenleisten weniger geeignet. Bei diesem Kirschholzschrank habe ich auf das Aufhängeloch verzichtet und, um die Beziehung zum schlichten Shaker-Design nicht zu verlieren, den Aufhänger an der Rückwand nur sehr wenig verziert.

Ein mittiger Pfosten ermöglicht eine zweite Tür, wodurch der Schrank breiter und zweckdienlicher wird. Statt altertümlicher Nägel halten 5-mm-Dübel die Teile zusammen. Statt einer Massivholz-Rückwand habe ich Sperrholz aus baltischer Birke verwendet.

DIESE VARIANTE verfügt statt der Schnittnägel über Dübel, über zwei Türen und im Fachhandel gekaufte Shaker-Knöpfe. Der Drehverschluss schließt beide Türen.

Schlüsselkasten

In diesem Schrank können Sie Schlüssel und sämtliche Dinge aufbewahren, die Sie beim Verlassen des Hauses eventuell benötigen: Hundeleine, Taschenlampe, Handschuhe. Das Design erinnert an ein Häuschen mit einer einfachen Brettkonstruktion als Tür und einem drehbaren Türknopf als Verschluss. Mit Schlüsseln öffnen wir Türen und betreten neue Räume. Wie auch Häuser sind sie ein Symbol für Geborgenheit und Sicherheit.

In unserem modernen Leben ist so Vieles virtuell, und wir wissen nicht, wie die Dinge zusammenhängen. Diesen Schrank habe ich so gebaut, dass man genau erkennen kann, wie er funktioniert. Die die Holzverbindungen sichernden Stifte sind deutlich sichtbar, ebenso andere Details wie der drehbare Türverschluss und die Falzverbindung, die den Einlegeboden trägt.

Ich arbeite gerne mit amerikanischen Laubhölzern, meist kommt das Material aus meinem Heimatstaat Arkansas. Manchmal stoße ich auch auf eine kleine Menge einer etwas ungewöhnlicheren Spezies. Diese Scheinakazie schien mir für das Projekt genau das richtige Material zu sein, Sie können Ihren Schrank natürlich aus jedem beliebigen Hartholz bauen.

Schlüsselkasten

Für dieses Schränkchen sind lediglich recht einfache Holzverbindungen erforderlich. Die Schrankwände werden mit Boden und Einlegeboden mittels eingenuteter Federverbindung verbunden, die sich leicht auf der Tischkreissäge sägen lassen. Die „Giebel" werden wie das „Dach" mit durchgehenden Dübeln mit den Seitenwänden verbunden.

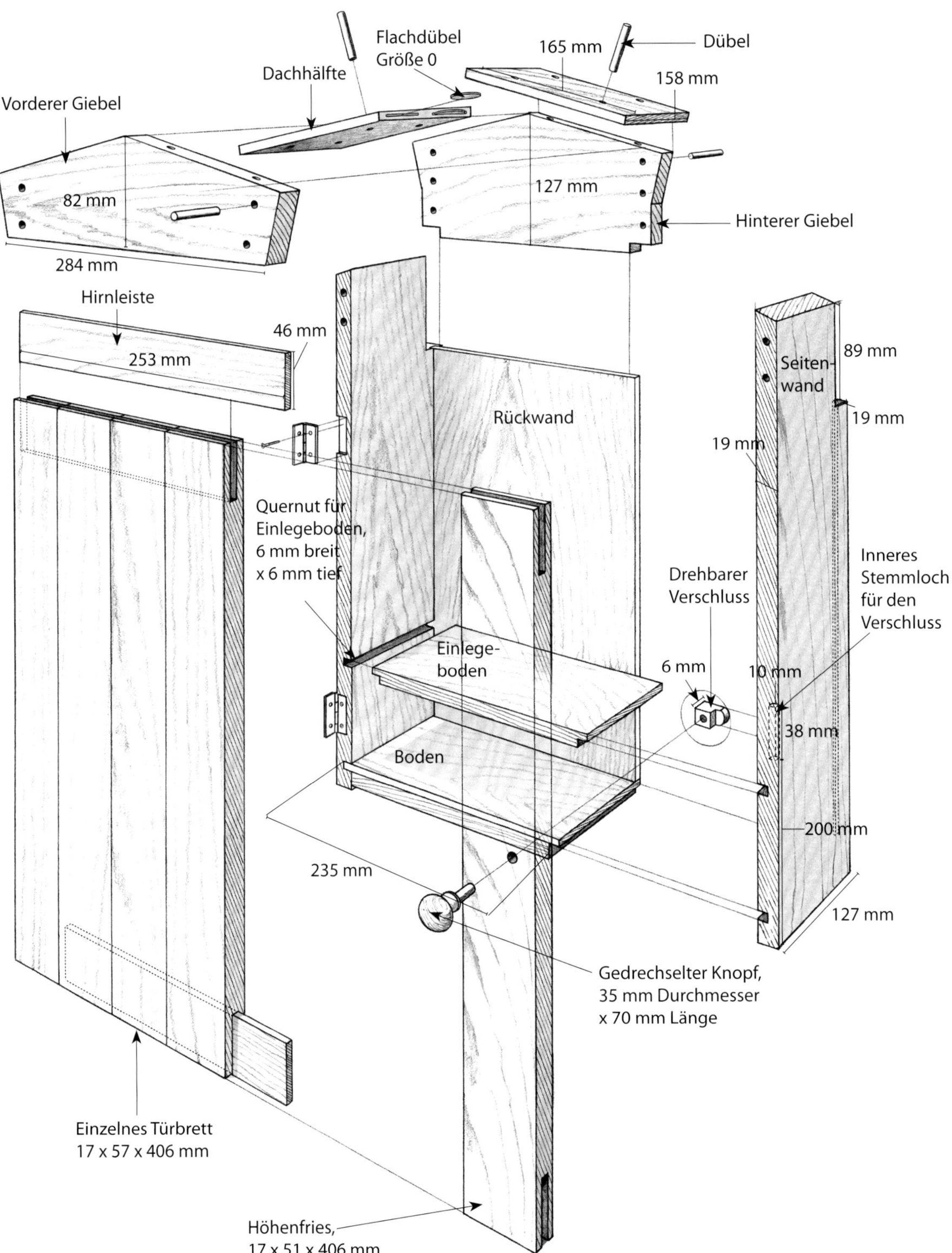

Materialliste Schlüsselkasten

Anzahl	Bezeichnung	Abmessung	Bemerkung
1	Vorderer Giebel	22 x 82 x 285 mm*	Scheinakazie
2	Hinterer Giebel	19 x 127 x 285 mm*	Scheinakazie
2	Seitenwände	19 x 127 x 457 mm	Scheinakazie
1	Boden	19 x 127 x 235 mm	Scheinakazie
1	Einlegeboden	13 x 121 x 235 mm	Scheinakazie
2	Dachhälften	16 x 158 x 165 mm	Scheinakazie
1	Rückwand	6 x 235 x 352 mm	Sperrholz aus baltischer Birke
2	Höhenfriese	17 x 51 x 406 mm	Scheinakazie
3	Türbretter	17 x 57 x 406 mm	Scheinakazie
2	Hirnleisten	6 x 46 x 253 mm	Scheinakazie
2	Flachdübel	Größe 0	
1	Knopf	35 mm Durchmesser x 70 mm Länge	Kirsche
1	Verschluss	19 x 35 x 35 mm	Kirsche
18	Dübel	6 mm Durchmesser x 44 mm	kontrastierendes Laubholz
1	Paar Scharniere	22 x 38 mm	Ace Hardware Nr. 5299755
4	Haken	25 mm	Baumarkt
8	Haken	19 mm	Baumarkt
14	Drahtstifte	1,2 mm Durchmesser x 16 mm	

*Abmessung vor präzisem Zuschnitt

Tischkreissägeblätter für Holzverbindungen

Bei diesem Projekt wie auch bei anderen in diesem Buch verwende ich für die mit der Tischkreissäge gesägten Holzverbindungen ein spezielles Flach-Zahn-Sägeblatt. Viele Sägeblätter für Längs- und Querschnitt hinterlassen kleine V-förmige Materialreste in der Schnittmitte, da ihre Zahnung an der Spitze leicht schräg verläuft. Man findet diesen Anschliff bei manchen Universal-Sägeblättern und bei Blättern für Langschnitte. Fragen Sie nach Sägeblättern mit Flachzahnung.

Mit einem solchen Sägeblatt können Sie Schnitte, etwa zur Herstellung einer Nut längs- oder quer zur Faser oder einer anderen Holzverbindung, verbreitern. Der saubere Schnitt eines Sägeblattes mit Flachzahnung ist vor allem wichtig, wenn die aufeinandertreffenden Teile von außen sichtbar sind.

Schrankkorpus herstellen

Schneiden Sie das Holz für den Schrankkorpus auf die erforderliche Stärke, Länge und Breite: Glätten Sie zunächst eine Seite auf dem Abrichthobel, und hobeln Sie sie dann auf die richtige Stärke. Hobeln Sie eine Kante mit dem Abrichthobel rechtwinklig, und sägen Sie das Material auf Breite und Länge. Arbeiten Sie mit einem Ablängschlitten auf der Tischkreissäge und einem Stoppklotz, damit gleiche Teile auch wirklich gleich lang werden. Längen Sie den Boden und den Einlegeboden ab, belassen Sie an den Seitenwänden jedoch etwas Aufmaß, damit man sie später an der Oberkante etwas anschrägen kann.

1. Sägen Sie die Quernuten für den Boden und den Einlegeboden in die Innenseiten beider Seitenwände. Für die Bodennut stellen Sie den Stoppklotz so ein, dass das Blatt 25 mm vom Materialende entfernt schneidet. Schieben Sie für den zweiten Schnitt den Stoppklotz 3 mm näher an das Sägeblatt heran **(Foto A)**. Dadurch wird die Nut auf 6 mm verbreitert. Für die Einlegebodennut beginnen Sie den Schnitt 130 mm ab Materialunterkante. Schieben Sie den Stoppklotz wiederum näher ans Sägeblatt, und verbreitern Sie den Schnitt auf 6 mm.

SÄGEN SIE DIE QUERNUTEN FÜR DEN BODEN und den Einlegeboden. Beginnen Sie mit dem ersten Schnitt an der Nutunterkante und verbreitern Sie die Nut auf 6 mm, indem Sie den Stoppklotz 3 mm näher ans Sägeblatt setzen.

2. Sägen Sie nun an den Enden von Boden und Einlegeboden die Falzbrüstung. Stellen Sie zunächst den Ablängschlitten und den Stoppklotz auf 10 mm ab der Materialkante ein **(Foto B)**. Man beachte, dass Boden und Einlegeboden zwar verschieden stark, alle Federn jedoch 6 mm dick sind. Man muss daher die Schnitthöhe anpassen.

3. Stellen Sie den Tischkreissägenanschlag auf 6 mm Abstand zum Sägeblatt und die Schnitthöhe auf 10 mm ein. Nun sägen Sie das aufrecht am Anschlag stehende Werkstück **(Foto C)**. Für diesen Schnitt benötigen Sie zum Stützen des Holzes eine spielfreie Sägeblattführung. Alternativ arbeiten Sie wie im vorherigen Schritt beschrieben mit mehreren Schnitten **(Foto B)** und ziehen das Werkstück vom Stoppklotz weg, bis der kurze Zapfen fertig geformt ist.

SÄGEN SIE DIE FALZE an den Enden von Boden und Einlegeboden mit der Tischkreissäge und dem Ablängschlitten. Stellen Sie den Stoppklotz so ein, dass ein 10 mm tiefer Falz entsteht.

SÄGEN SIE DEN FALZ FERTIG. Stellen Sie dazu den Anschlag auf 6 mm Abstand zum Sägeblatt ein. Stellen Sie das Werkstück aufrecht gegen den Anschlag. Eine Druckleiste drückt das Holz fest an den Anschlag.

Giebel herstellen und zusammenfügen

SÄGEN SIE EINE AUSSPARUNG FÜR DEN HINTEREN GIEBEL. Entfernen Sie das Material jeweils in 3-mm-Schritten, bis das Werkstück am Stoppklotz angelangt ist. Letzterer wird so eingestellt, dass der Schnitt auf 89 mm ab Oberkante begrenzt wird.

SÄGEN SIE DIE OBERKANTE BEIDER GIEBEL IM 15°-WINKEL dachförmig. Arbeiten Sie mit einem Präzisionsgehrungsanschlag. Befestigen Sie am Gehrungsanschlag mit einer Zwinge einen Stoppklotz, um das Werkstück bezogen auf das Sägeblatt in stabiler Position zu halten.

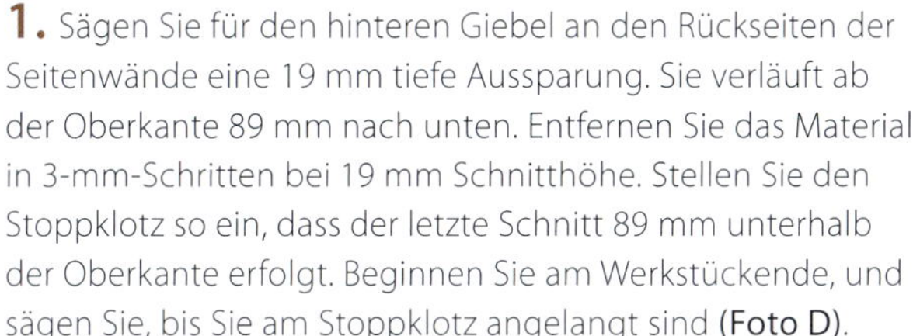

1. Sägen Sie für den hinteren Giebel an den Rückseiten der Seitenwände eine 19 mm tiefe Aussparung. Sie verläuft ab der Oberkante 89 mm nach unten. Entfernen Sie das Material in 3-mm-Schritten bei 19 mm Schnitthöhe. Stellen Sie den Stoppklotz so ein, dass der letzte Schnitt 89 mm unterhalb der Oberkante erfolgt. Beginnen Sie am Werkstückende, und sägen Sie, bis Sie am Stoppklotz angelangt sind **(Foto D)**.

2. Sägen Sie in der gleichen Weise je eine Aussparung an die Schmalseiten des hinteren Giebels (Querstück). Stellen Sie die Schnitthöhe auf 10 mm und den Stoppklotz auf 38 mm ab Schnittaußenkante ein, und sägen Sie das hintere Querstück passend zu den Seitenwänden. Führen Sie die ersten Schnitte wiederum am Werkstückende durch, und sägen Sie so lange, bis es beim letzten Schnitt am Stoppklotz angelangt ist.

3. Sägen Sie die Oberkante beider Giebel im 15°-Winkel dachförmig. Für den Schnitt befestigen Sie ein breiteres Brett mit einer Zwinge am Gehrungsanschlag. Es hilft dabei, das Werkstück sicher zu halten **(Foto E)**. Um dieses Zubehörteil für den Gehrungsanschlag herzustellen, schrauben Sie ein Hilfsbrett an ein Stück Sperrholz, das breit genug ist, um das Werkstück sicher zu halten, den Schnitt aber nicht behindert. Befestigen Sie das Hilfsbrett mit einer Zwinge am Gehrungsanschlag, sodass es gleichzeitig als Stoppklotz und zur Schnittstabilisierung dient.

4. Sägen Sie als Nächstes einen 15°-Winkel an die Seitenwandoberkanten. Dazu neigen Sie das Sägeblatt auf 15°.

SÄGEN SIE EINEN 15°-WINKEL an die Seitenwandoberkanten. Ein versuchsweises Anpassen des hinteren Giebels liefert die genaue Schnittposition.

Arbeiten Sie mit dem Gehrungsanschlag, und führen Sie die Schnitte bei nach oben zeigenden Innenflächen aus. Verwenden Sie einen Stoppklotz, damit beide Seitenwände genau gleich lang werden **(Foto F)**. Eine Möglichkeit besteht darin, einen Stoppklotz am Ende des Gehrungsanschlags anzubringen, ehe Sie den Schnitt ausführen. Dann legen Sie das Ende der zweiten Seitenwand gegen den Klotz und machen den zweiten Schnitt.

FRÄSEN SIE IN DIE HINTEREN INNENKANTEN der Seitenwände Falze zur Aufnahme der Rückwand. Ich arbeite mit einem Stoppklotz am Frästischanschlag, um zu verhindern, dass der Schnitt entlang der kompletten Hinterkante verläuft.

FRÄSEN SIE DEN PASSENDEN FALZ in die Giebelrückseite. Das Werkstück steht dabei hochkant.

5. Fräsen Sie die Falze an die Kanten der Seitenwände, des Bodens und des hinteren Querstücks auf dem Frästisch mit einem Nutfräser mit 13 mm oder größerem Durchmesser. Stellen Sie die Fräserhöhe auf 10 mm und den Anschlag so ein, dass der Fräser 6 mm über die Anschlagkante hinausragt. Fräsen Sie die Seitenwände und den Boden bei flach auf dem Frästisch liegenden Innenflächen **(Foto G)**.

6. Fräsen Sie nun die Unterkante des hinteren Giebels passend zu den Seitenwandfalzen. Stellen Sie dazu den Giebel hochkant mit der Unterseite nach unten **(Foto H)**.

7. Bohren Sie Dübellöcher in den vorderen und hinteren Giebel. Verwenden Sie einen 6-mm-Bohrer, und stellen Sie den Ständerbohrmaschinenanschlag auf 25 mm Entfernung von der Mitte der Bohrerspitze ein. Stellen Sie die Bohrtiefe so ein, dass das Werkstück vollständig durchbohrt wird **(Foto I)**.

8. Sägen Sie rechts und links vom hinteren Querstück je eine Kerbe. Stellen Sie dazu die Schnitthöhe auf 44 mm über der Ablängschlittenplatte ein. Befestigen Sie den Stoppklotz so, dass der Schnitt 13 mm neben der Kante verläuft **(Foto J)**. Dann reißen Sie an beiden Seiten eine Linie von der oberen Innenkante des gerade erfolgten Schnitts zur oberen Werkstückecke an.

BOHREN SIE AB LOCHMITTE GERECHNET im Abstand von 25 mm zu beiden Schmalseiten 6-mm-Dübellöcher in den vorderen und den hinteren Giebel. Richten Sie die Ständerbohrmaschine so ein, dass das Holz durchgebohrt wird.

SÄGEN SIE DIE KONTUR DES HINTEREN GIEBELS auf der Tischkreissäge mit Ablängschlitten und Stoppklotz.

Giebeldetail

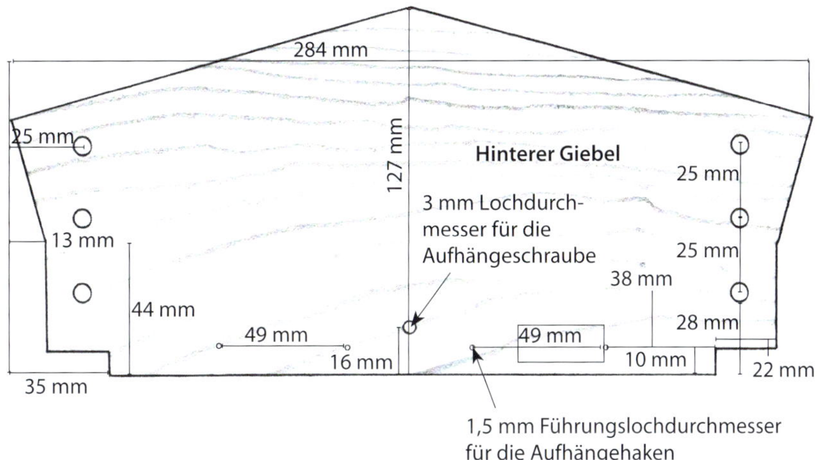

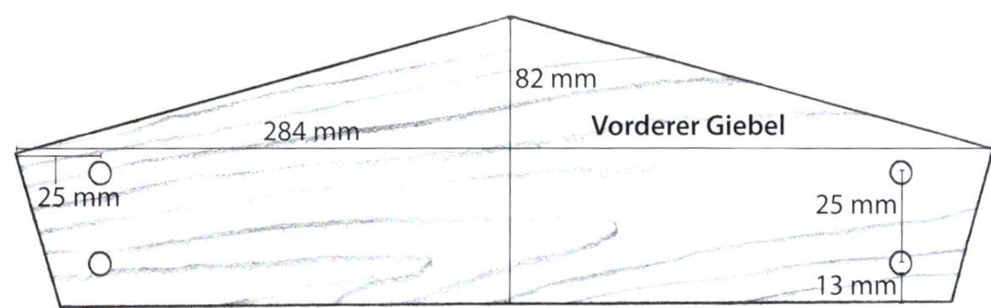

9. Sägen Sie die Schrägung auf der Bandsäge **(Foto K)**. Reißen Sie am Giebel rechts und links einen 75°-Winkel an. Reißen Sie dazu 13 mm ab Ecke Unterkante nach innen eine Linie bis zur oberen Ecke an. Sägen Sie die Kontur auf der Bandsäge.

10. Bohren Sie 16 mm oberhalb der Unterkante des Giebels mittig das 3-mm-Loch für den Aufhänger **(Foto L)**. Bohren Sie dann, wie in der Zeichnung abgebildet, 1,5-mm-Führungslöcher für die Haken.

SÄGEN SIE DIE SCHRÄGUNG an den Giebelenden auf der Bandsäge.

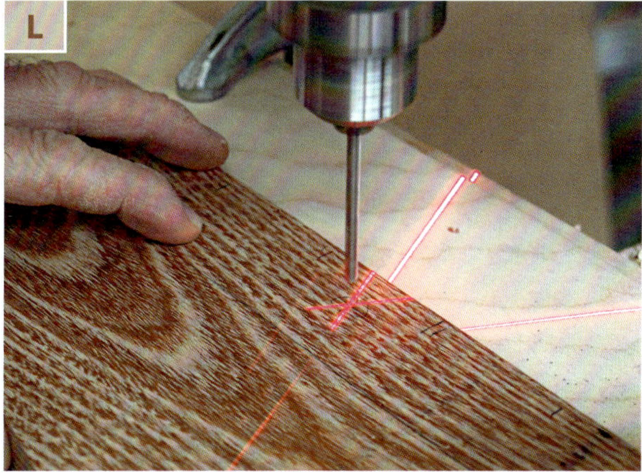

BOHREN SIE FÜR DIE AUFHÄNGESCHRAUBE durch den hinteren Giebel ein 3-mm-Loch. Senken Sie das Bohrloch für eine Flachkopfschraube an.

Das Dach herstellen und Montagevorbereitung

SÄGEN SIE DORT, wo die beiden Dachabschnitte aneinandergrenzen, einen 15°-Winkel. Verwenden Sie zum Ablängen einen Ablängschlitten.

1. Neigen Sie das Tischkreissägeblatt auf 15°. Arbeiten Sie mit dem Gehrungsanschlag, und sägen Sie die Winkel dort, wo die beiden Dachhälften aneinandergrenzen **(Foto M)**.

2. Für das präzise Ablängen der beiden Dachhälften arbeiten Sie mit dem Ablängschlitten. Ein Stoppklotz sorgt dafür, dass beide Hälften genau gleich lang sind.

3. Bohren Sie als Nächstes 6-mm-Löcher in die beiden Dachabschnitte, durch die diese am vorderen und hinteren Querstück befestigt werden. Die genauen Lochpositionen können Sie der unteren Zeichnung entnehmen.

4. Fräsen Sie mit dem Flachdübelfräser in die angeschrägten Enden der Dachabschnitte Schlitze für Flachdübel Größe 0 **(Foto N)**. Stellen Sie den Anschlag des Flachdübelfräsers auf 15° ein (bezogen auf 90°). Reißen Sie für jeden Flachdübel etwa 44 mm von der Werkstückvorder- und –hinterkante entfernt die Mittenlinie an.

5. Tragen Sie Leim auf die beiden Kanten auf, und setzen Sie die Flachdübel ein. Halten Sie die beiden Dachhälften mit transparentem Paketklebeband an der Oberseite zusammen. Spannen Sie Holzstücke mit Schraubzwingen an die Werkbank, mit denen Sie von den Enden aus Pressdruck

FRÄSEN SIE IM 15°-WINKEL Schlitze für Flachdübel Größe 0 an die Kante, an der die beiden Dachabschnitte aufeinandertreffen.

Dachdetail

Durchgehendes Dübelloch mit 6-mm-Durchmesser
165 mm
16 mm
121 mm
51 mm
22 mm
158 mm
Flachdübel Größe 0
15°-Winkel

FIXIEREN SIE DIE BEIDEN DACHHÄLFTEN mit Klebeband, während der Leim trocknet. Je ein ans Ende gesetztes Holzstück anstelle von Schraubzwingen sorgt dafür, dass die Verbindung auch auf der Unterseite geschlossen wird.

auf die Flachdübelverbindung ausüben und diese schließen. Spannen Sie dazu zunächst nur ein Holzstück fest, und drücken Sie dann zum Schließen der Verbindung gegen das zweite Holzstück. Anschließend spannen Sie das zweite Holzstück fest. Warten Sie, bis der Leim getrocknet ist, ehe Sie die Zwingen und das Band lösen **(Foto O)**.

6. Fräsen Sie für den Türverschluss in die linke Seite eine 38 mm lange Nut (oder in die rechte Seite, falls die Tür zur anderen Seite geöffnet werden soll). Arbeiten Sie mit der Handoberfräse und einem 10-mm-Spiralnutfräser. Stellen Sie den Oberfräsenanschlag auf 10 mm Entfernung von der Kante ein. Stellen Sie die Frästiefe auf 10 mm ein. Beginnen Sie mit der Nut 200 mm oberhalb der Seitenwandunterkante. Reißen Sie Anfang und Ende an, damit Sie sehen, wo Sie mit dem Schnitt beginnen und wo Sie den Fräser wieder herausziehen. Fräsen Sie die Nut besser in mehreren Schritten, als es in einem einzigen Durchgang zu versuchen **(Foto P)**.

7. Die Ausklinkungen für die Scharniere stellen Sie her, wie auf den S. 20–22 beschrieben.

FRÄSEN SIE MIT DER HANDOBERFRÄSE und einem geraden Fräser in mehreren Schritten eine 10 mm tiefe Nut.

Zusammenbau

BAUEN SIE DIE SEITENWÄNDE, den Einlegeboden und den Boden zusammen. Spannen Sie die Teile fest zusammen, während der Leim abbindet. Prüfen Sie, ob der Schrank rechtwinklig ist.

BOHREN SIE NUN DIE DÜBELLÖCHER in die Seitenwände fertig. Richten Sie die Seitenwände und den hinteren Giebel aus, und spannen Sie alles mit Schraubzwingen zusammen. Bohren Sie mit einem Stoppklotz auf dem Bohrer, um stets die gleiche Bohrtiefe einzuhalten.

LEIMEN UND SPANNEN SIE DAS DACH auf die Seitenwände und das vordere und hintere Querstück. Eine dünne Leimspur genügt.

Zur Befestigung des vorderen und hinteren Querstücks sowie des Daches an den Seitenwänden benötigen Sie Dübel mit 6-mm-Durchmesser. Man kann Sie im Baumarkt oder Holzhandel kaufen. Fachgeschäfte führen Dübel aus unterschiedlichen Laubholzarten. Man kann entweder ein passendes oder ein kontrastierendes Laubholz wählen, je nachdem wie stark man die sichtbaren Verbindungselemente betonen möchte.

1. Geben Sie Leim in die Seitenwandnuten. Richten Sie dann den Boden und den festen Einlegeboden aus. Spannen Sie die Teile mit Schraubzwingen fest zusammen, und überprüfen Sie mit einem Winkelmaß, ob die zusammengefügten Teile im rechten Winkel verbleiben, während der Leim abbindet **(Foto Q)**.

2. Schleifen Sie die Dübelenden vor dem Zusammenbau. Bohren Sie dann die Dübellöcher mit einer Handbohrmaschine und einem 6-mm-Bohrer fertig. Beginnen Sie mit dem hinteren Giebel, er lässt sich dank der Nuten am einfachsten mit den Seitenwänden sicher verspannen. Ich verwende einen dünnen Holzklotz als Bohranschlag, um das Loch exakt auf die für die Dübellänge erforderliche Tiefe zu bohren **(Foto R)**.

3. Geben Sie Leim in die Dübellöcher. Verwenden Sie beim Einschlagen der Dübel einen Holzklotz, der die Hammerschläge dämpft und führt.

4. Ehe Sie die Löcher für die Befestigung des Daches am vorderen und hinteren Querstück bohren, fixieren Sie es mit Schraubzwingen. Ich gebe zuvor immer etwas Leim auf die Querstückoberkanten und lasse ihn abbinden, ehe ich die Löcher bohre und die Dübel einschlage. Vergessen Sie nicht, für eine permanente Verbindung etwas Leim in jedes Dübelloch zu geben **(Foto S)**.

5. Geben Sie eine dünne Leimspur in den rückseitigen Falz, und nageln Sie die geschliffene Rückwand mit Drahtstiften, 1,2 mm Durchmesser x 16 mm, fest.

Bau der Tür

SÄGEN SIE AN JEDER Brettlängsseite und an den Innenkanten der Höhenfriese die Brüstungen der Überblattungen. Bei den Türbrettern sägen Sie zunächst die eine Seite, drehen das Brett um und sägen auf der gegenüberliegenden Seite.

Die Inspiration zu dieser Tür lieferten traditionelle Latten- oder Scheunentüren mit rückwärtig aufgenagelten Querleisten. Ich habe die „Querleiste" versteckt und stattdessen Hirnleisten so zugeschnitten, dass sie in je einen Schlitz am Brettende passen. Die Tür besteht aus fünf senkrechten überblatteten Brettern und ähnelt einer überlappenden Verkleidung.

1. Legen Sie die Bretter zurecht, und kennzeichnen Sie sie. Markieren Sie auch ihre jeweiligen Position auf der Vorderseite, damit Sie stets wissen, wo Sie schneiden müssen. Man beachte, dass jeweils nur eine Höhenfrieskante überblattet wird.

2. Sägen Sie zunächst die Brüstung der Überblattung an den Kanten **(Foto A)**. Sägen Sie auf der Tischkreissäge 6 mm neben der Kante bis zur Hälfte der Materialstärke. (Wurde das Holz präzise auf 17 mm zugesägt, müssen Sie die Schnitthöhe auf 8,5 mm einstellen).

3. Stellen Sie die Schnitthöhe auf 6 mm ein, und verschieben Sie den Anschlag so, dass der Schnitt im Abstand von 8,5 mm erfolgt. Stellen Sie das Material hochkant, und entfernen Sie das überschüssige Holz **(Foto B)**. Arbeiten Sie mit einer Druckleiste, damit das Material immer fest gegen den Anschlag gedrückt wird.

4. Sägen Sie die Schlitze für die Hirnleisten **(Foto C)** mit der Tischkreissäge und einer Zapfenschneidevorrichtung (siehe S. 49). Stellen Sie die Schnitthöhe auf 44 mm ein. Man beachte, dass der Schlitz außermittig liegt. Die Entfernung zur Vorderseite beträgt 5 mm, die von der Schlitzhinterkante zur Rückseite 6 mm. Legen Sie bei jedem Brett Vorder- und Rückseite fest, und halten Sie stets die Rückseite gegen die Vorrichtung.

STELLEN SIE DIE ÜBERBLATTUNG FERTIG. Stellen Sie dazu den Anschlag und die Schnitthöhe neu ein, und sägen Sie das Material hochkant.

SÄGEN SIE DIE SCHLITZE AN BEIDEN BRETTENDEN mit einer Zapfenschneidevorrichtung.

5. Sägen Sie nun die Hirnleisten auf die für die Schlitze passende Dicke (6 mm) sowie auf die richtige Länge und Breite.

6. Fräsen und schleifen Sie alle Brettkanten dort, wo sie überlappen **(Foto D)**.

7. Der Türzusammenbau beginnt mit den beiden Hirnleisten, und zwar an den einander gegenüberliegenden Ecken. Tragen Sie an diesen Enden der Leisten Leim auf, achten Sie aber darauf, nur solche Flächen zu leimen, die in die Türbretternuten eingesteckt werden. Prüfen Sie mit einem Winkelmaß, dass die beiden einander gegenüberliegenden Ecken rechtwinklig sind. Verwenden Sie eine Schraubzwinge und Zulagen aus Holz, damit keine Bruchstellen entstehen und der Pressdruck gleichmäßig verteilt wird. Sowie der Leim trocken ist, kann man die verbliebenen Teile montieren. Tragen Sie Leim auf die freiliegenden Enden auf, und richten Sie die Türkomponenten aus. Ehe Sie die Eckverbindungen mit Schraubzwingen festspannen, sollten Sie prüfen, ob alles rechtwinklig ist und der Abstand zwischen den Brettern zur geplanten Breite von 254 mm führt. Zwischen den Brettern sollte etwa 0,5 mm Spiel verbleiben, damit das Holz in Zeiten höherer Luftfeuchtigkeit Platz zum Arbeiten hat **(Foto E)**.

8. Sobald der Leim abgebunden hat, nehmen Sie die Zwingen ab und schneiden die Hirnleisten mit den angrenzenden Kanten bündig.

9. Markieren und schneiden Sie die Scharnierausklinkungen wie auf den S. 20-22 beschrieben. Da die Tür den Schrank überlappt, liegt das Scharnier auf der Türrückseite und nicht an der Türkante.

FRÄSEN SIE DIE TÜRBRETTKANTEN **mit einem 3-mm-Abrundfräser. Passen Sie zum Fräsen der „kurzen" Seite die Höhe an.**

TIPPS & TRICKS

Wenn Sie Material hochkant sägen, arbeiten Sie am besten mit einer Druckleiste, um das Werkstück fest an den Anschlag zu drücken. So werden die Schnitte präziser, und Sie können das Werkstück besser führen.

BAUEN SIE DIE MITTLEREN TÜRBRETTER EIN, **tragen Sie oben und unten Leim auf, richten Sie die Teile aus, und spannen Sie die Schlitze fest auf die Hirnleisten.**

DREHSELN SIE DEN KNOPF auf der Drechselbank. Formen Sie dann einen Zapfen mit 13 mm Durchmesser. Verwenden Sie eine Messlehre wie abgebildet oder einen Maulschlüssel, damit Sie den richtigen Durchmesser erhalten.

10. Den Knopf können Sie im Baumarkt oder im Fachhandel kaufen. Alternativ drechseln Sie ihn auf der Drechselbank. Nachdem ich die gewünschte Knopfform gedrechselt habe, verwende ich ein Stück Holz mit einer 13-mm-Aussparung oder einen 13-mm-Maulschlüssel als Lehre, damit der Schaft den richtigen Durchmesser erhält **(Foto F)**.

11. Bohren Sie auf der Ständerbohrmaschine mit einem 13-mm-Bohrer ein Loch durch die Tür hindurch und eines 16 mm tief in den Drehverschluss **(Foto G)**.

12. Für den Drehverschluss schneiden Sie ein längeres Stück Holz auf 19 x 35 mm zu. Formen Sie ein Ende zu einem 10-x-10-mm-Zapfen. Dann formen Sie mit dem Bandschleifer das abgerundete Ende. Bohren Sie das Loch zur Aufnahme des Knopfendes, und schneiden Sie das Verschlussteil auf das Fertigmaß zu. Ehe Sie den Verschluss an den Knopfschaft leimen, prüfen Sie, ob er funktioniert. Ggf. müssen Sie die endgültige Passung nacharbeiten, damit der Verschluss beim Drehen des Knopfes tatsächlich öffnet und schließt.

13. Schleifen Sie den Schrank, und tragen Sie ein Oberflächenmittel auf. Ich habe zwei Schichten Danish Oil von Hand aufgetragen.

14. Bauen Sie die Scharniere wie auf S. 22 beschrieben ein und hängen Sie die Tür ein.

BOHREN SIE MIT DER STÄNDERBOHRMASCHINE und einem 13-mm-Bohrer je ein Loch in den Verschluss und in die Tür.

Knauf- und Verschlussdetail

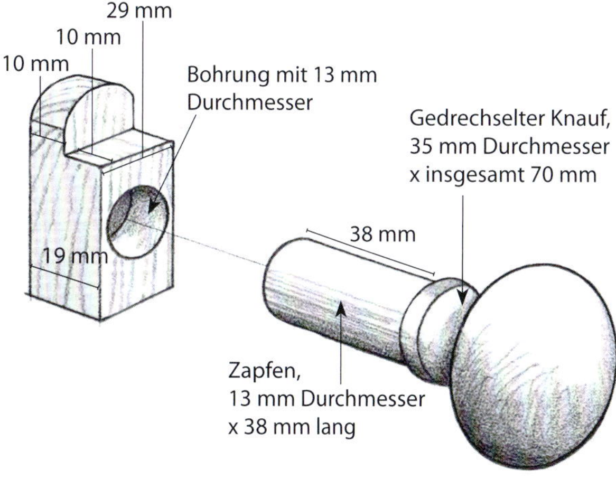

Zweitüriger Gewürzschrank

Der Prototyp zu diesem Gewürzschrank war ein Geschenk an meine Frau kurz nach unserer Heirat. Auf die Innenseite der linken Tür habe ich „Happy Birthday, Jean 1985" eingraviert. Meine Frau ist Bibliothekarin, daher wünschte sie sich natürlich einen Schrank, in den sie die Gewürzgläser in alphabetischer Reihenfolge einsortieren konnte. Darüber hinaus wollte ich, dass der Schrank für die normalen Gewürzbehälter die passenden Abmessungen hatte. Seit nun mehr als einem Vierteljahrhundert trägt dieser erste Schrank zur Verschönerung unserer Küche bei, hat sie sauberer gehalten und uns beim Kochen Freude bereitet.

Das Projekt zeigt, dass Praktisches auch schön sein kann. Wenn Sie es nachbauen, lernen Sie, wie man Flachdübelverbindungen schnell und effektiv beim Bau kleiner Schränke einsetzt. Darüber hinaus lernen Sie in diesem Kapitel, wie man mit einer selbst gemachten Schablone Scharnierausklinkungen fräst. Abschließend zeige ich Ihnen, wie subtile Verzierungen, etwa kleine Anfasungen an Rahmen-Füllungskonstruktionen, große Auswirkungen auf die Optik haben.

simply Organic
celery salt
simply Organic
cumin
simply Organic
ground cloves
simply Organic
curry powder
simply Organic
ginger
simply Organic
oregano
simply Organic
crushed red pepper
simply Organic
rosemary

Zweitüriger Gewürzschrank

Dieser Gewürzschrank verfügt bis hin zu den Türfüllungen über eine Fülle optisch ansprechender Details. Verwenden Sie für die Türfüllungen ein kontrastierendes Holz, und Sie erhalten eine völlig andere Optik. Man beachte, dass die Querfriese und die Füllungen erst während der Herstellung auf das Fertigmaß zugeschnitten werden.

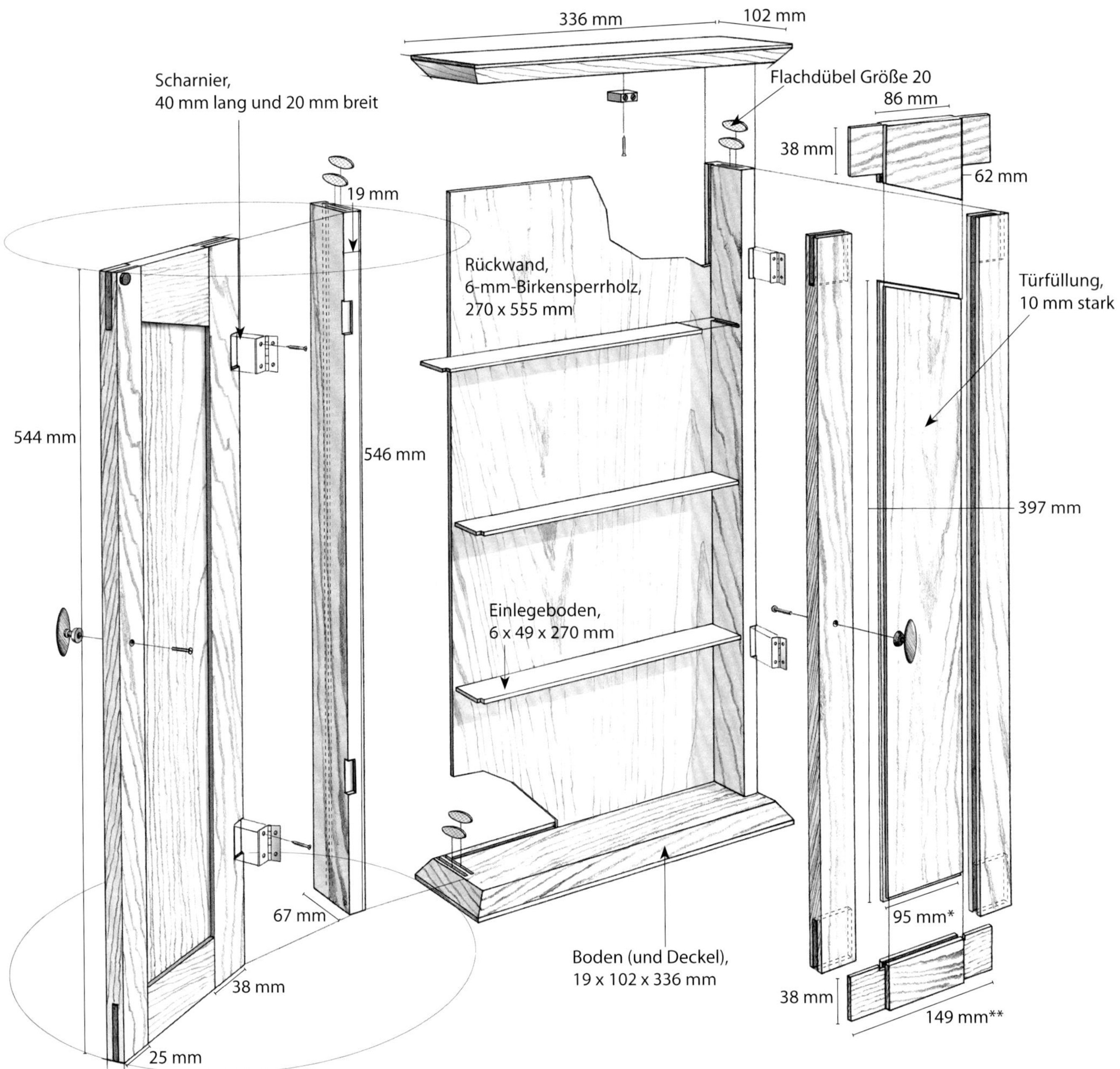

* Wird an das lichte Rahmenmaß angepasst
**Innenzapfen wird nach der Montage bündig geschnitten

Materialliste Zweitüriger Gewürzschrank

Anzahl	Bezeichnung	Abmessung	Bemerkung
2	Deckel und Boden	19 x 102 x 336 mm	Kirsche
2	Seitenwände	19 x 67 x 546 mm	Kirsche
2	Äußere Höhenfriese	16 x 38 x 544 mm	Kirsche
2	Innere Höhenfriese	16 x 25 x 544 mm	Kirsche
2	Untere Querfriese	16 x 38 x 162 mm*	Kirsche
2	Obere Querfriese	16 x 62 x 162 mm*	Kirsche
2	Türfüllungen	10 x 95 x 397 mm**	Kirsche oder kontrastierendes Laubholz***
1	Rückwand	6 x 270 x 555 mm	Sperrholz aus baltischer Birke
3	Einlegeböden	6 x 49 x 270 mm	Kirsche
1	Anschlag	16 x 38 x 49 mm	Kirsche
1	Aufhänger	10 x 67 x 260 mm	Kirsche
1	Wandaufhänger	10 x 67 x 259 mm	Kirsche
2	Paar Messingscharniere	38 x 22 mm	Baumarkt
8	Flachdübel	Größe 20	
2	Schrankknöpfe	11 x 38 x 22 mm	Beschlaghandel oder Baumarkt
2	Türmagnete		Baumarkt

* Wird nach der Montage auf die endgültige Länge geschnitten.

** Vor dem Schneiden der 5-x-5-mm-Feder am Ende und den Seiten zuschneiden. Das endgültige Maß ergibt sich nach dem Einpassen in den Türrahmen.

*** Aus 25 mm starkem Material aufgetrennt und spiegelbildlich gemasert.

Flachdübelverbindungen fräsen

FRÄSEN SIE DIE FLACHDÜBEL-SCHLITZE in die Enden der Seitenwände. Fräsen Sie zunächst den ersten Schlitz an jedem Seitenende, verstellen Sie den Anschlag, und fräsen Sie die zweiten Schlitze.

Flachdübelverbindungen sind für kleine Schränke schnell gemacht und effektiv. Man fräst mit einem Flachdübelfräser mit kleinem kreisförmigem Sägeblatt halbrunde Schlitze, in die ein Flachdübel aus gepresstem Holz passt. Kommt ein solcher Flachdübel mit Leim in Kontakt, quillt er infolge der Feuchtigkeit auf, und es entsteht eine feste Verbindung.

1. Längen Sie die Teile auf der Tischkreissäge ab. Arbeiten Sie mit Ablängschlitten und Stoppklotz, damit gleiche Teile (Seitenwände, Deckel und Boden) wirklich gleich lang werden.

2. Richten Sie den Anschlag des Flachdübelfräsers zum Fräsen der Schlitze an beiden Seitenwandenden ein: Die Flachdübel sollten mindestens 5 mm neben der Schrankinnenfläche liegen, damit Platz für die Nut für die Rückwand verbleibt **(Foto A)**. Ich verwende wegen der größeren Stabilität gerne zwei Flachdübel, ein einzelner würde aber auch genügen.

3. Verschieben Sie den Anschlag des Flachdübelfräsers, um genügend Platz für den Überstand an den Deckel- und Bodenkanten zu belassen, und fräsen Sie die Schlitze **(Foto B)**.

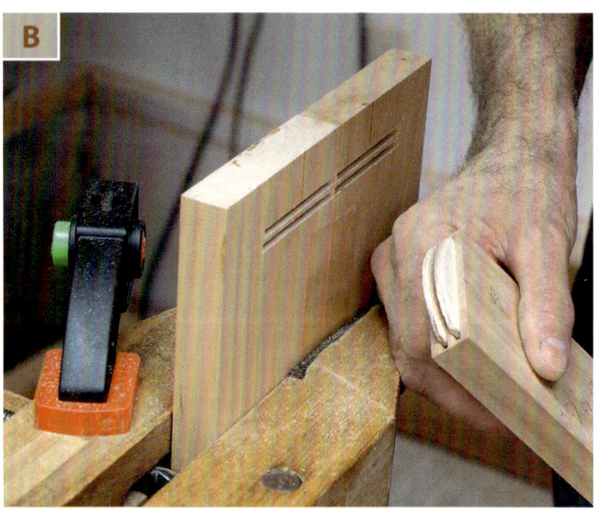

SPANNEN SIE DECKEL UND BODEN VERTIKAL EIN. Justieren Sie den Anschlag des Flachdübelfräsers so, dass die Flachdübel so liegen, dass Deckel und Boden die Seitenwände überlappen. Stellt man Deckel und Boden nebeneinander, erhält man bei diesem Arbeitsgang zusätzlichen Halt für den Flachdübelfräser.

Rückwand einpassen

FRÄSEN SIE QUER ZUR INNENSEITE von Deckel und Boden eine Nut zur Aufnahme der Rückwand. Arbeiten Sie mit Stoppklötzen, damit Sie den Weg des Werkstücks besser kontrollieren können. Orientieren Sie sich bei der Platzierung der Stoppklötze an den Flachdübelschlitzen.

Stellen Sie den Anschlag so ein, dass die Nut 10 mm von der Hinterkante beider Seitenwände und des Deckels bzw. Bodens entfernt gefräst wird. Man beachte, dass die Nut am innen liegenden Flachdübelschlitz enden muss, damit die Flachdübel bei der Rückwandmontage nicht behindern.

1. Montieren Sie einen 6-mm-Nutfräser in den Frästisch, und fräsen Sie die 5 mm tiefe Nut zur Aufnahme der Rückwand. Beim Fräsen von Deckel und Boden verwenden Sie am Frästischanschlag mit Schraubzwingen befestigte Stoppklötze. So können Sie den Weg des Werkstücks besser kontrollieren und verhindern, dass man die Nut später sieht **(Foto A)**.

2. Zum Fräsen der Nut in den Seitenwänden entfernen Sie die Stoppklötze und fräsen über die ganze Länge **(Foto B)**.

3. Sägen Sie die Rückwand auf der Tischkreissäge. Ich verwende 6 mm starkes Sperrholz aus baltischer Birke. Mitunter ist das Sperrholz etwas zu dick. In diesem Fall kann man entweder die Kanten etwas verjüngen oder die Nuten in Deckel, Boden und Seiten etwas verbreitern, damit es passt **(Foto C)**.

ZUSCHNITT DES SPERRHOLZES aus baltischer Birke für die Rückwand.

DIE NUT IN DEN SEITENWÄNDEN erstreckt sich über die ganze Länge. Man kann daher die Stoppklötze vom Frästisch entfernen.

TIPPS & TRICKS

Bretter, die man auf der Tischkreissäge sägt, können zurückschleudern. Stehen Sie (aus Ihrer Sicht) rechts vom Anschlag, damit das Werkstück Sie nicht trifft, wenn es vom Sägeblatt zurückgeschlagen wird. Führen Sie die Hand entlang der Anschlagoberkante, damit sie – sollten Sie abrutschen – dem Sägeblatt nicht zu nahe kommt.

Einlegeböden herstellen

Da es sich um einen Gewürzschrank mit festen Einlegeböden handelt, können Sie die Seitenwände zur Aufnahme der Einlegeböden fertig fräsen. Sollen die Einlegeböden gleichen Abstand zueinander erhalten, wählen Sie 132 mm. Sie können auch die Höhe der Gewürzdosen Ihrer Lieblingsmarke messen, wenn Sie effizienter und variabel mit dem Platz umgehen möchten (Sie können auch, wie auf S. 11 gezeigt, verstellbare Einlegeböden anfertigen). Damit das Anreißen der festen Einlegeböden schneller geht, bauen Sie sich zur Führung des Fräsers eine einfache Vorrichtung aus einem Stück Sperrholz, die Sie an ein gerades Stück Holz schrauben.

1. Reißen Sie die Lage der Einlegeböden auf den Seitenwänden an **(Foto A)**. Man beachte, dass die Bleistiftmarkierung auf dem Anschlag der Vorrichtung mit der Position des Fräsers übereinstimmt, wenn man dessen Grundplatte gegen die Sperrholzführung hält. Daher muss die Führung nur so weit verschoben werden, bis beide Markierungen fluchten. Dann fräsen Sie zwischen den auf den Seitenwänden angerissenen Anfang- und Endemarkierungen.

2. Montieren Sie einen 10-mm-Fräser in die Oberfräse. Stellen Sie die Frästiefe auf 5 mm ein. Halten Sie die Oberfräsengrundplatte gegen die Sperrholzführung, und fräsen Sie von links nach rechts **(Foto B)**. Versuchen Sie nicht, die volle Nuttiefe in einem Durchgang zu fräsen. Senken Sie beim ersten Durchgang den Fräser nur zu einem Teil der gewünschten Tiefe ins Werkstück, heben Sie dann den Fräser an, gehen Sie zurück zum Anfangspunkt, senken den Fräser auf die volle Tiefe und fräsen abermals von links nach rechts.

DAMIT DIE AUSRICHTUNG STIMMT, sollten Sie die Nuten an beiden Seitenwänden gleichzeitig anreißen und fräsen. Die Bleistiftmarkierung am Anschlag zeigt die Position an, an der der Fräser fräst. Markieren Sie die Seitenwände, und richten Sie die Markierung auf der Vorrichtung darauf aus.

TIPPS & TRICKS

Alternativ kann man die Nut näher am vorderen Ende der Seitenwände fräsen und die Stirnseite der Einlegeböden auf dem Frästisch mit einem 3-mm-Abrundfräser verrunden. Ich bevorzuge die oben erläuterte Variante, bei der weniger Genauigkeit hinsichtlich der Breite der gefrästen Nuten erforderlich ist.

FRÄSEN SIE DIE QUERNUTEN für die Einlegeböden. Führen Sie die Oberfräse zwischen den auf den Seitenwänden mit Bleistift angerissenen Anfang- und Endemarkierungen von links nach rechts. Der Schnitt erfolgt in zwei Durchgängen: Der erste Schnitt ist flach, dann bringt man den Fräser zurück in die Anfangsposition, senkt den Fräskopf auf die volle Tiefe und fräst erneut von links nach rechts.

SCHNEIDEN SIE ZUM VERDECKEN DER NUTEN eine kleine Aussparung an die Stirnseiten der Einlegeböden. Hobeln Sie die Böden zunächst, damit sie in die Nuten passen, und führen Sie dann den beschriebenen Schnitt aus. Alternativ können Sie die Nuten mit dem Stechbeitel rechtwinklig stechen oder die Einlegeböden auf dem Frästisch mit einem 3-mm-Abrundfräser passend zu den Nuten verrunden.

3. Hobeln Sie das Material für die Einlegeböden auf die endgültige Stärke, damit sie in die Nuten passen. Sägen Sie die Einlegeböden auf die endgültige Breite und Länge. Schneiden Sie zum Verdecken der Nuten an beiden Vorderkanten eine Aussparung **(Foto C)**.

Deckel und Boden zuschneiden

Bei einem kleinen Schrank wie diesem kann das für Deckel und Boden verwendete Material zu dominant wirken. Fast man die Teile an, wirken sie leichter und eleganter. Zusätzlich zur 30°-Fase an den Innenseiten von Deckel und Boden habe ich eine kleinere 3-mm-Fase an den Außenseiten gearbeitet.

1. Stellen Sie das Tischkreissägenblatt auf 30° und die Schnitthöhe möglichst tief ein. Arbeiten Sie mit der Zapfenschneidevorrichtung oder am Schiebetisch, je nachdem in welcher Richtung bei Ihrer Säge das Blatt schwenkt (siehe nächste Seite), um die Teile beim Sägen der Schmalseiten zu unterstützen. Stellen Sie die Schnittposition so ein, dass sie außerhalb des Flachdübelbereichs liegt. Nach erfolgtem Schrägschnitt wird die sichtbare ebene Fläche etwa 8 mm betragen **(Foto A)**.

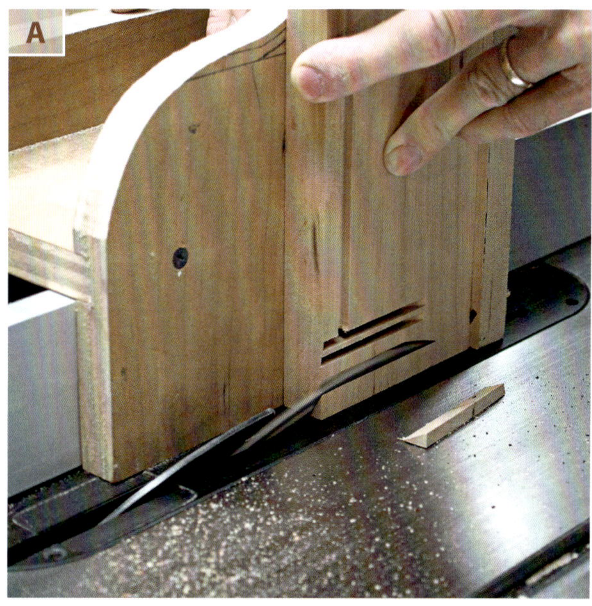

Verwenden Sie beim Kantenzuschnitt auf der Tischkreissäge zur Unterstützung des Deckels und des Bodens eine Zapfenschneidevorrichtung. Ich habe die Säge auf einen 30°-Winkel und den Anschlag so eingestellt, dass das Blatt nicht in den Bereich schneidet, an den die Seitenwände stoßen.

TIPPS & TRICKS

Bei diesem Arbeitsgang mache ich immer erst einen Probeschnitt in Abfallholz gleicher Stärke, damit ich die fast fertigen Teile nicht ruiniere. So können Sie sich Fehler ersparen. Zwar lernen wir alle aus Fehlern, aber die Arbeit mit Holz macht mehr Spaß, wenn man sein gutes Holz nicht verschwendet.

NEHMEN SIE DIE ZAPFEN-SCHNEIDEVORRICHTUNG von der Säge, und verschieben Sie den Anschlag um 19 mm in Richtung Sägeblatt. Machen Sie nun den schrägen Schnitt quer zur Vorderkante von Deckel und Boden.

2. Beim Schnitt entlang der Längskante liegt das Werkstück am Anschlag an. Stellen Sie den Anschlag so ein, dass der Schnitt die Ecken von Deckel und Boden dort trifft, wo der vorherige Schnitt erfolgte. Machen Sie dazu Probeschnitte, und stellen Sie eine möglichst geringe Schnitthöhe ein **(Foto B)**.

3. Schleifen Sie vor dem Zusammenbau alle Schnittflächen und Kanten des Deckels und Bodens mit einem Schleifklotz. Ein Schleifklotz ist effektiver als eine elektrische Schleifmaschine, und man vermeidet ungewolltes Verrunden.

Schrankkorpus zusammenbauen

Schleifen Sie die Einlegeböden und Schrankinnenflächen vor dem Zusammenbau. Bauen Sie den Schrank immer erst probeweise zusammen, ehe Sie Leim auftragen. So sind Sie sicher, dass bei der tatsächlichen Montage keine Hindernisse auftauchen. Legen Sie genügend geeignete Schraubzwingen bereit, und machen Sie sich mit deren Handhabung vertraut.

1. Geben Sie Leim in alle Flachdübelschlitze **(Foto A)**. Seien Sie damit sparsam, damit kein überschüssiger Leim ins Schrankinnere quillt.

2. Beginnen Sie den Zusammenbau ausgehend von der Rückwand. Setzen Sie Zwingen im Bereich der Flachdübel von vorne und hinten an **(Foto B)**. Prüfen Sie den Schrank durch Messen von Ecke zu Ecke auf Rechtwinkligkeit. Ist das Maß in jede Richtung identisch, ist das der Fall. Sie können auch mit dem Winkelmaß in den Ecken prüfen.

GEBEN SIE LEIM IN DIE FLACHDÜBELSCHLITZE, und setzen Sie die Federn ein.

ZIEHEN SIE DIE VERBINDUNGEN MIT SCHRAUBZWINGEN zusammen, sowie die Flachdübel eingesetzt sind und der Leim aufgetragen ist.

Selbstgebaute Zapfenschneidevorrichtung

Stellen Sie aus Resten von Möbelsperrholz eine einfache Zapfenschneidevorrichtung her, die am Parallelanschlag Ihrer Tischkreissäge entlanggleitet. Die Schnittposition ergibt sich durch Veränderung der Entfernung des Anschlags vom Sägeblatt. Wesentliche Maße sind die Höhe und Breite Ihres Anschlags. Die Vorrichtung muss eng am Anschlag sitzen, dabei aber ungehindert gleiten.

Messen Sie die Anschlaghöhe, und stellen Sie den Abstand zwischen Anschlag und Sägeblatt präzise auf dieses Maß ein. Stellen Sie die Schnitthöhe auf etwa halbe Sperrholzstärke ein (in diesem Fall 10 mm). Machen Sie den ersten Schnitt an der Gleitschiene auf der Anschlagrückseite und den nächsten an dem Teil, das zur Stirnseite der Vorrichtung wird. Verbreitern Sie den Schnitt bei jedem Teil allmählich, indem Sie den Anschlag jeweils etwas verstellen, bis ein Stück Sperrholz in die Nut passt. Da eine exakte Passung erforderlich ist, verstellen Sie den Anschlag jedes Mal nur minimal (siehe Foto unten links). Sägen Sie ein Laubholzstück als vertikale Verstärkung zurecht, und sagen Sie wie zuvor in kleinen Schritten, bis es in eine 10 mm tiefe Nut passt.

Als Nächstes sägen Sie ein Sperrholzstück so zu, dass es zwischen die beiden passt. Befestigen Sie dann das vordere und hintere Teil mit Schrauben am mittleren Teil. Ist die zusammengebaute Vorrichtung zu eng, legen Sie Visitenkartenstücke als Abstandshalter zum Aufweiten des Zwischenraums ein. Durch Hinzufügen oder Weglassen von Papierlagen erzielen Sie eine perfekte Passung (siehe Foto unten rechts).

Formen Sie die Teile so, dass sie bei der Arbeit gut in der Hand liegen. Ich schneide auch die Vorderseite zurecht, damit ich Schraubzwingen anbringen kann, die das Werkstück halten, an das die Zapfen gesägt werden sollen. Fügen Sie noch ein Stück Holz hinzu, damit die Stirnseite der Vorrichtung im rechten Winkel zum Vorrichtungskorpus steht.

Schrauben Sie die Teile besser zusammen, statt sie zu leimen. So können Sie die Vorrichtung demontieren, um Korrekturen vorzunehmen oder um die vertikale Stütze zu ersetzen, wenn sie verschlissen ist.

Türkomponenten herstellen

LEGEN SIE DIE TÜRKOMPONENTEN zurecht, und markieren Sie Höhen- und Querfriese in der Position, in der sie zusammengebaut werden.

Für kleine Projekte wie dieses sind offene Schlitz- und Zapfenverbindungen schön und stabil genug, um über Generationen zu halten. Anders als Dübel oder Flachdübel hängen sie auch nicht von der Materialstärke ab.

1. Hobeln Sie das gesamte Material auf 16 mm Stärke, damit die Türen leicht werden. Sägen Sie die Teile auf Maß, und legen Sie sie so zurecht, dass ein ansprechendes Maserbild entsteht.

2. Kennzeichnen Sie die jeweilige Position der Teile und die und Außen- und Innenflächen mit Bleistift **(Foto A)**.

Die Holzverbindungen für die Tür sägen

1. Sägen Sie die offenen Schlitz- und Zapfenverbindungen in den Höhenfriesen mit einem Flachzahnsägeblatt auf der Tischkreissäge. Arbeiten Sie mit der Zapfenschneidevorrichtung, um den Schnitt genau zu positionieren und das Werkstück abzustützen. Bei allen Höhenfriesen liegt der erste Schnitt an beiden Enden 5 mm hinter der Vorderseite. Verbreitern Sie den Schlitz der Verbindung durch Verschieben der Zapfenschneidevorrichtung auf 5 mm. Halten Sie bei allen Schnitten die Materialvorderseite gegen die Vorrichtung **(Foto B)**. Man beachte, dass die hintere Schlitzwand 6 mm stark ist.

2. Sägen Sie auch die Zapfen mit der gleichen Vorrichtung auf der Tischkreissäge. Verwenden Sie die Schlitze in den Höhenfriesen beim Anreißen des Schnitts als Vorlage. Vergessen Sie nicht, außerhalb der Linie zu sägen **(Foto C)** und dass der Zapfen außermittig liegt. Der Abstand zur Vorderseite beträgt 5 mm, von der Rückseite sind es 6 mm.

SÄGEN SIE DEN SCHLITZ mit der Zapfenschneidevorrichtung. Die Vorderseite der Höhenfriese zeigt zur Vorrichtung. Sägen Sie 3 mm breit, verändern Sie die Anschlagposition, und verbreitern Sie den Schnitt auf 5 mm.

3. Sägen Sie die der Zapfenbrüstungen mit dem Ablängschlitten und einem speziellen Stoppklotz, der verhindert, dass sich der Verschnitt zwischen Stoppklotz und Sägeblatt fängt (**Fotos D, E**). Stellen Sie den Stoppklotz so ein, dass die Zapfen an jedem Ende 38 mm lang werden. Stellen Sie die Schnitthöhe so ein, dass die vordere Brüstung an allen Querfriesen 5 mm beträgt. Drehen Sie dann das Material um, und erhöhen Sie die Schnitthöhe, um die hinteren Brüstungen auf 6 mm zu sägen.

4. Schließen Sie den Zuschnitt der Zapfen an den oberen Querfriesen ab, indem Sie zunächst das obere Querstück aufrecht stellen und den Zapfen auf eine Breite von 38 mm ab Oberkante sägen (**Foto F**).

ZUM ANREISSEN DER QUERFRIESZAPFEN orientieren Sie sich an den Schlitzen in den Höhenfriesen. Sägen Sie stets an der Verschnittseite der Markierungslinien. Die Materialvorderseite liegt an der Vorrichtung an, wenn Sie den ersten Schnitt ausführen. Verschieben Sie dann den Anschlag, und sägen Sie die andere Seite, wobei wiederum die Materialvorderseite an der Vorrichtung anliegt.

SÄGEN SIE DIE BRÜSTUNGEN DER QUERFRIESE auf dem Ablängschlitten. Hier verwende ich einen speziellen Stoppklotz, der verhindert, dass sich der Verschnitt zwischen Sägeblatt und Stoppklotz verfängt. Er ist leicht aus Abfallholz gemacht, wird in Position gebracht, um den korrekten Abstand vom Sägeblatt einzustellen und für den Schnitt weggezogen.

5. Bringen Sie das Werkstück neu in Position. Sägen Sie die Brüstung unter Verwendung des verschiebbaren Stoppklotzes wie im vorherigen Schritt gezeigt fertig (**Foto G**).

KLINKEN SIE DEN ZAPFEN AUS, indem Sie einen Schnitt entsprechend der Höhe der Schlitze an den Höhenfriesen machen.

SÄGEN SIE DIE QUERFRIESZAPFEN mit dem verschiebbaren Stoppklotz als Positionierungshilfe auf Breite.

6. Reißen Sie den Winkel an allen oberen Querfriesen, wie in der Zeichnung unten dargestellt, an.

7. Der Schnitt erfolgt auf der Bandsäge **(Foto H)**. Glätten Sie die Kante mit Schleifpapier oder einem Handhobel.

8. Fräsen Sie an die Innenkanten von Höhen- und Querfriesen eine 5 mm tiefe Nut zur Aufnahme der Türfüllungen. Arbeiten Sie dabei mit der in einen Frästisch montierten Oberfräse und einem geraden 3-mm-Fräser. Montieren Sie Stoppklötze am Frästischanschlag, damit der Schnitt an den unteren Querfriesen nicht durchläuft (andernfalls sieht man die Nut in den Zapfen) **(Foto I)**.

9. Verschieben Sie die Anschlagposition vom Fräser weg, um an allen Werkstücken den Schnitt auf 5 mm zu verbreitern **(Foto J)**.

Fräsen Sie die Nuten zur Aufnahme der Türfüllungen in die Höhen- und Querfriese. Bei den unteren Querfriesen sollten Sie zum rechtzeitigen Beenden des Schnitts mit einem Stoppklotz arbeiten, damit man den Schnitt auf dem durchgehenden Zapfen nicht sieht.

MACHEN SIE DEN SCHRÄGEN SCHNITT an der Unterkante der oberen Querfriese auf der Bandsäge.

VERSCHIEBEN SIE FÜR EINEN ZWEITEN SCHNITT zum Verbreitern der Nut auf 5 mm den Anschlag vom Schnitt weg

Detail oberer Querfries

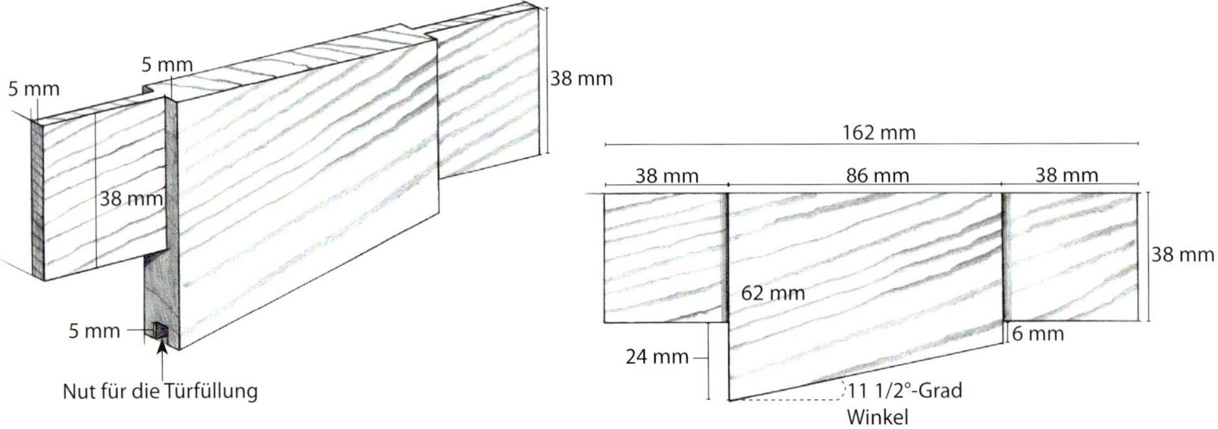

Türfüllungen herstellen

TRENNEN SIE 25 MM STARKES MATERIAL in der Mitte für das später 10 mm starke Material für die Türfüllungen auf.

Trennen Sie für die Türfüllungen 25 mm starkes Material auf. Verwenden Sie entweder farblich passendes oder kontrastierendes Holz. Durch das Auftrennen können Sie die Maserung der Türfüllungen spiegelbildlich anordnen. Die Technik führt zu verbesserter Materialausnutzung, darüber hinaus wirkt die Symmetrie der spiegelbildlichen Anordnung besonders attraktiv.

1. Sägen Sie das sägeraue 25 mm starke Material auf der Bandsäge mit Anschlag in der Mitte durch **(Foto K)**.

2. Hobeln Sie das Holz beidseitig auf 10 mm Stärke. Entfernen Sie den Großteil des Holzes von der Außenseite der aufgetrennten Hälften, damit die Innenseiten weiterhin möglichst gut harmonieren. Sägen Sie das Material auf der Tischkreissäge auf die gewünschte Breite zu.

3. Stellen Sie zum Sägen der um die Füllungskante herumlaufenden Feder die Schnitthöhe auf 5 mm ein. Sie können entweder ein spezielles Nutsägeblatt verwenden oder zuerst bei auf Übermaß eingestelltem Anschlag überschüssiges Holz entfernen und die Anschlagentfernung für den abschließenden Schnitt dann so weit reduzieren, dass die 5 x 5 mm starke Feder entsteht. Arbeiten Sie mit einem Schiebestock und einer Druckleiste, um das Werkstück zu stabilisieren und Ihre Hände vom Sägeblatt fernzuhalten. Sägen Sie zunächst an der Schmalseite **(Foto L)**, danach sägen Sie die Feder an der Längskante **(Foto M)**.

STELLEN SIE DIE FEDER an drei Türfüllungsseiten her. Sägen Sie zunächst an der Schmalseite, indem Sie das Werkstück zwischen Sägeblatt und Anschlag hindurchführen. Danach sägen Sie die beiden Längsseiten.

STELLEN SIE DIE FEDER FERTIG, indem Sie das Werkstück hochkant am Kreissägenanschlag entlangführen.

TIPPS & TRICKS

Wenn Sie Holzverbindungen schneiden oder Kantenprofile fräsen, sollten Sie zunächst die Querholzseiten schneiden. Falls es zu Ausrissen des Querholzes kommt, werden diese beim Schneiden des Längsholzes meist entfernt, sodass eine saubere Kante entsteht.

BAUEN SIE DEN RAHMEN ZUSAMMEN, und nutzen Sie ihn als Schablone, um die Kontur des oberen Querfrieses auf der Türfüllung anzureißen.

REISSEN SIE 5 MM NEBEN DER ERSTEN BLEISTIFTLINIE (nach außen) eine zweite Linie an. Dies ist Ihre Schnittlinie für die Schräge, die Sie auf der Bandsäge sägen.

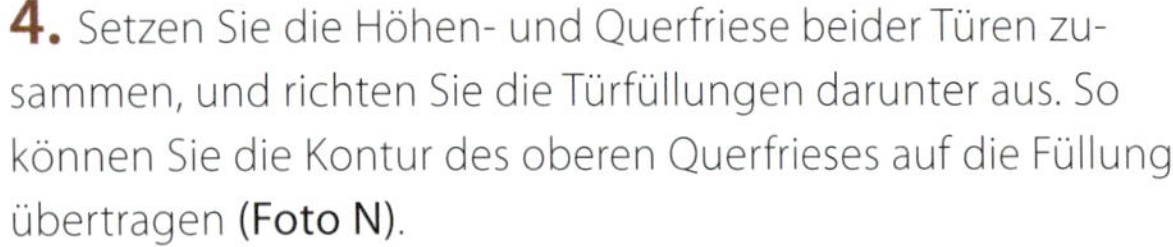

4. Setzen Sie die Höhen- und Querfriese beider Türen zusammen, und richten Sie die Türfüllungen darunter aus. So können Sie die Kontur des oberen Querfrieses auf die Füllung übertragen **(Foto N)**.

5. Reißen Sie 5 mm neben (in Richtung Oberkante) der angerissenen Linie eine zweite Linie an, um die Türfüllung mit der Bandsäge fertig zu sägen **(Foto O)**. Schleifen Sie die entstandene Sägekante glatt, und sägen Sie dann mit der Kreissäge die 5 x 5 mm starke Feder an der Oberkante der Türfüllungen, wie bereits bei den anderen Kanten geschehen.

Türen herstellen und zusammenbauen

Schleifen Sie vor dem Zusammenbau der Türen alle Teile, die später nur noch schwierig zu schleifen sind, insbesondere alle Innenkanten und die Rückseiten der Füllungen. Damit die Türkomponenten professioneller aussehen, fräse ich auf dem Frästisch mit einem nur wenig aus dem Tisch herausragenden 45°-Fräser eine kleine Anfasung. Diese kleinen Details sind für die optische Wirkung des fertigen Objekts überaus wichtig. Üben Sie zunächst an Abfallholz, um zu der richtigen Größe der Anfasung zu finden.

1. Stellen Sie den Anschlag ein, und fräsen Sie die Kante an der Stelle, an der Höhen- und Querfriese aneinandertreffen.

2. Justieren Sie die Position des Anschlags, um dort, wo die Füllungskanten mit den Höhen- und Querfriesen zusammenstoßen, ein passendes Kantenprofil zu fräsen. Verwenden Sie einen 45°-Fasefräser mit kugelgelagertem Anlaufring zur Führung entlang der Kante.

FORMEN SIE MIT EINEM 45°-FRÄSER die Kanten dort, wo Höhen- auf Querfriese treffen. Halten Sie beim Schnitt das Werkstückende fest gegen den Frästischanschlag.

TRAGEN SIE VOR DER TÜRENMONTAGE LEIM auf alle Flächen der offenen Schlitz- und Zapfenverbindungen auf. Drücken Sie sie mit Schraubzwingen zu sicheren und dauerhaften Verbindungen zusammen.

3. Nach dem abschließenden Schleifen richten Sie die Türfüllungen zwischen den beiden Höhenfriesen aus, tragen Leim auf die Zapfen auf und drücken sie an ihren Platz. Bringen Sie mit Schraubzwingen Pressdruck auf die Außenseite der Verbindung, sodass eine permanente und stabile Leimverbindung entsteht (**Foto B**). Lassen Sie den Leim vollständig trocknen.

SÄGEN SIE DIE ZAPFENENDEN dort bündig ab, wo sie über die inneren Höhenfriese hinausragen.

4. Sägen Sie das über die inneren Höhenfriese hinausragende Zapfenmaterial mit der Tischkreissäge bündig ab (**Foto C**).

Aufhänger herstellen und montieren

Eine Aufhängeleiste an der Rückseite ermöglicht das einfache Aufhängen des Schrankes. Sie wird passend zu einer ähnlichen Leiste angefast, die an die Wand geschraubt wird. So kann der Schrank zum Saubermachen oder Anstreichen der Wände einfach abgenommen werden.

1. Stellen Sie die Aufhängeleisten für die Schrankrückseite und für die Wand gleichzeitig her. Beide sind 10 mm stark und passen damit in den an der Schrankrückseite vorgesehenen Raum. Sägen Sie mit der Tischkreissäge jeweils an eine Leistenkante einen 35°-Winkel (**Foto A**). (Siehe Schritt 4 auf S. 14).

2. Leimen Sie die eine Leiste an die Schrankrückseite, und schrauben Sie die andere, nachdem Sie sie waagerecht ausgerichtet haben, an die Wand (**Foto B**).

FASEN SIE ZWEI HOLZLEISTEN AUF 35° AN. Leimen Sie eine Leiste an die Schrankrückseite, die andere hängt an der Wand und hält den Schrank.

Scharnierausklinkungen fräsen

SÄGEN SIE SCHMALE STREIFEN aus 6 mm starkem Sperrholz zu, aus denen Sie die Frässchablone herstellen.

Wenn Sie mehr als nur zwei Scharniere montieren, ist es eventuell einfacher, mit einer Oberfräse und Schablone zu arbeiten, als die Ausklinkungen wie auf den S. 21-23 gezeigt, von Hand zu stemmen. Nachdem ich Scharniere viele Jahre von Hand mit dem Beitel ausgeklinkt hatte, entdeckte ich eine einfachere, genauere und schnellere Methode mit der Oberfräse. Dazu stellt man eine Frässchablone mit den genauen Scharnierabmessungen her. Die Schablone können Sie aus dünnem, an den Ecken wie bei einer Blockhütte überlappendem Sperrholz herstellen.

1. Sägen Sie zunächst schmale Streifen aus 6 mm starkem Birkensperrholz der Länge nach zu (Foto A).

2. Schneiden Sie die Streifen in kleine Stücke mit den Abmessungen des geschlossenen Scharniers. Für ein geschlossenes Scharnier etwa von 16 x 38 mm benötigen Sie zwei 16 mm und zwei 38 mm lange Stücke. Für die Überblattungen benötigen Sie Stücke, die so lang sind, dass sie die Seitenstreifen überlappen. Wird das Birkensperrholz in 38 mm breite Streifen gesägt, benötigen Sie zwei zusätzliche Stücke von 92 mm und zwei von 114 mm Länge, um eine das Scharnier umschließende Blockhauskonstruktion zu bauen (Foto B). Fassen Sie das Scharnier eng mit den Sperrholzstreifen ein.

3. Bauen Sie nun die zweite Schicht. Sind die Streifen mit überlappenden Ecken ausgerichtet, nageln Sie die Schichten mit kurzen Nägeln zusammen (Foto C).

4. Schrauben Sie ein Stück Sperrholz an die Frässchablone, damit Sie sie mit Zwingen am Werkstück befestigen können (Foto D). Setzen Sie die Schablone so an, dass der Scharnierstift im richtigen Maß übersteht.

5. Um mit der Scharnierschablone zu arbeiten, befestigen Sie sie mit einer Zwinge an ihrem Platz und fräsen die

ORDNEN SIE DIE SPERRHOLZSTREIFEN wie abgebildet um das Scharnier herum an. Die Streifen müssen so lang sein, dass sie die kurzen Streifen überlappen.

FIXIEREN SIE DIE ZWEITE SCHICHT SPERRHOLZSTÜCKE mit kurzen Nägeln.

DURCH EINE MIT SENKSCHRAUBEN an der Schablone befestigte Holzleiste kann man die Schablone an der Werkstückkante befestigen.

Ausklinkung mit einem 13-mm-Scharnierfräser. Ein oben angebrachter kugelgelagerter Anlaufring folgt der Schablonenkontur und fräst die Scharnierkontur – mit Ausnahme der Ecken, die rund bleiben. Lassen Sie die Schablone am Werkstück montiert, wenn Sie mit dem Beitel die Ecken winklig stechen (Foto E).

6. Halten Sie sich bei der abschließenden Scharniermontage an die Anleitungen von S. 21–22.

TIPPS & TRICKS

Damit ein Scharnier nicht klemmt, muss sich mindestens eine Hälfte des Scharnierstifts ausserhalb der Ausklinkung befinden. Bei der Berechnung der Ausklinkungstiefe müssen Sie bedenken, dass sich ein Scharnierblatt in der Tür und das andere im Schrankkorpus befindet.

STECHEN SIE DIE RECHTEN WINKEL der Scharnierausklinkungen mit einem Eckbeitel oder einem geraden Beitel.

Türanschlag montieren

Der letzte Schritt vor dem Auftragen eines Oberflächenmittels ist die Montage eines Magnetverschlusses an jede Tür.

1. Bohren Sie auf der Ständerbohrmaschine Löcher mit 8 mm Durchmesser, die tief genug sind, um einen Magnetverschluss aufzunehmen (Foto A). Zu tief ist besser als zu flach, denn einen einmal an seinen Platz gedrückten Verschluss wird keine Anstrengung der Welt wieder herausbringen.

2. Bohren Sie ein Führungsloch für eine Schraube, und senken Sie es an. Mit der Schraube werden die Magnetverschlüsse an der Deckelunterseite befestigt (Foto B).

3. Montieren Sie die Metallplättchen an die Türen. Überprüfen Sie dann bei installiertem Magnetverschluss die Türstellung in Bezug auf die Schrankvorderkante. Schrauben Sie das Klötzchen mit den Magnetverschlüssen an den Deckel.

BOHREN SIE DIE LÖCHER für die Magnetverschlüsse mit der Ständerbohrmaschine. Achten Sie darauf, tief genug zu bohren.

BOHREN SIE EIN LOCH für die Befestigungsschraube, und senken Sie es an. Montieren Sie die Metallplättchen an die Türen, schrauben Sie anschließend den Magnetverschluss an.

Oberflächenbehandlung

TRAGEN SIE ALS Oberflächenmittel Danish Oil auf. Es betont und schützt die natürliche Holzfarbe.

Die letzten Arbeitsgänge bei diesem Projekt sind das Auftragen eines Oberflächenmittels und die Montage der Ziehknöpfe. Ich habe mich für Knöpfe aus dem örtlichen Baumarkt entschieden. Die Auswahl ist groß, und man kann, wenn man möchte, den Schrank noch persönlicher gestalten. Sie können die Ziehknöpfe auch selbst herstellen (in diesem Buch werden verschiedenste gezeigt) oder ein eigenes Design entwickeln. Sollten Sie fertige Ziehknöpfe kaufen, müssen Sie die Schrauben wahrscheinlich kürzen, um sie in den 16 mm starken Schranktüren verwenden zu können.

1. Tragen Sie auf alle Flächen mehrere Schichten Oberflächenmittel auf **(Foto A)**.

2. Montieren Sie die Ziehknöpfe. Ist die Schraube zu lang, kürzen Sie sie mit einem Bolzenschneider auf die geeignete Länge **(Foto B)**. Sie können dies auch mit einer Metallbügelsäge tun, aber mit dem Bolzenschneider geht es leichter.

FALLS ERFORDERLICH, kürzen Sie die Schrauben mit dem Bolzenschneider oder einer Metallbügelsäge. Montieren Sie dann die Ziehknöpfe an beide Türen.

Designalternativen

Es gibt vielfältige Möglichkeiten, das Erscheinungsbild dieses Schranks zu verändern. Verwenden Sie kontrastierendes Holz für die Türfüllungen, oder versuchen Sie es einmal mit Kerbschnitzerei und Milchfarbe, um die Optik farbenfroh und rustikal zu gestalten.

Auf einfache Art erreichen Sie ein vollkommen anderes Aussehen, wenn Sie spiegelbildlich gemaserte Türfüllungen aus einer dunklen Holzart wie Nussbaum verwenden und den Schrank ansonsten aus hellerem Holz wie Hickory oder Esche bauen. Die Füllungen sind aus einem einzigen auf der Bandsäge in der Mitte durchgesägten, ursprünglich 25 mm starken, sägerauen Brett gefertigt **(Foto A)**. Alternativ können Sie für das Schrankinnere oder andere Schrankteile unterschiedliche Milchfarben verwenden, um sowohl mit Textur als auch mit Farbe zu spielen. Helle Farben hellen das Schrankinnere auf, und man sieht den Inhalt des Schrankes besser **(Foto B)**.

AUS EINEM STÜCK sägerauen Materials werden spiegelbildlich gemaserte Türfüllungen aufgetrennt.

FARBENFROHE MILCHFARBEN sorgen für Textur und eine strapazierfähige, langlebige Oberfläche. Decken Sie das Schrankinnere beim Streichen ab, um die glatte, kontrastierende Fläche zu schützen.

Kirschholz-Vitrine

Kirschholz ist eines der schönsten und begehrtesten nordamerikanischen Tischlerhölzer. Seine Bearbeitungsqualitäten sind hervorragend, und die dunkel-rotbraune Färbung, die es im Laufe der Zeit und je nach Lichteinwirkung annimmt, ist sehr beliebt. Im Inneren eines Schranks wirkt es u.U. jedoch zu dunkel.

Um das Innere dieses kleinen Hängeschaukastens hell zu gestalten, ohne auf elektrische Beleuchtung zurückgreifen zu müssen, habe ich die Innenflächen mit einem 3 mm starken selbstgemachten Furnier beklebt. Einlegeböden aus Lindenholz und die Rückwand aus ebenfalls heller baltischer Birke heben die präsentierten Objekte hervor.

Die etwas schräg zur Mitte hin eingesetzten Glastüren sorgen nicht nur für ein prägnantes Design, sie haben auch den praktischen Nutzen, Blendung und Lichtreflexion zu verringern. Steht der Betrachter vor dem Schrank, sind die Objekte im Inneren deutlich zu sehen.

Die Schrankform wirkt zwar kompliziert, doch sämtliche Schnitte erfolgen in einem Winkel von 5°. Die Seitenwände werden einfach im Deckel verdübelt. Am besten arbeiten Sie Schritt für Schritt und messen die vormontierten Baugruppen, statt sämtliche Teile direkt präzise nach Schnittliste zuzuschneiden.

Handelt es sich um Ihr erstes Schrankprojekt, so können Sie es vereinfachen, indem Sie auf schwierigere Schritte wie die schrägen Seiten verzichten. Darüber hinaus können Sie die Zapfenbänder durch Möbelscharniere ersetzen.

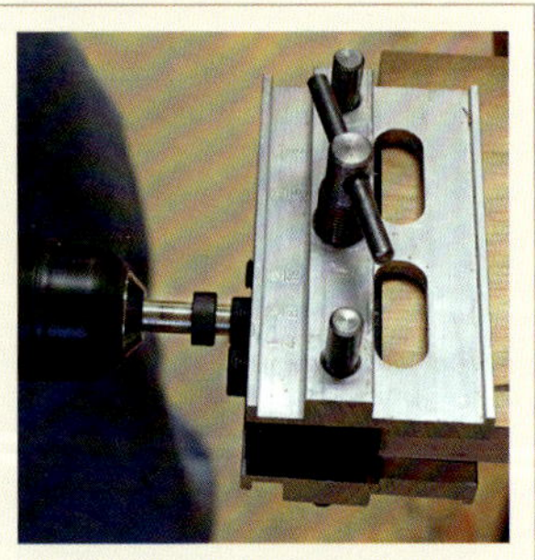

Kirschholz-Vitrine

Das Design dieses Schaukastens löst praktische und zugleich optische Probleme. Schräg eingesetzte Türen reduzieren Lichtspiegelungen im Glas, und helle Hölzer bringen ohne künstliches Licht Helligkeit ins Schrankinnere.

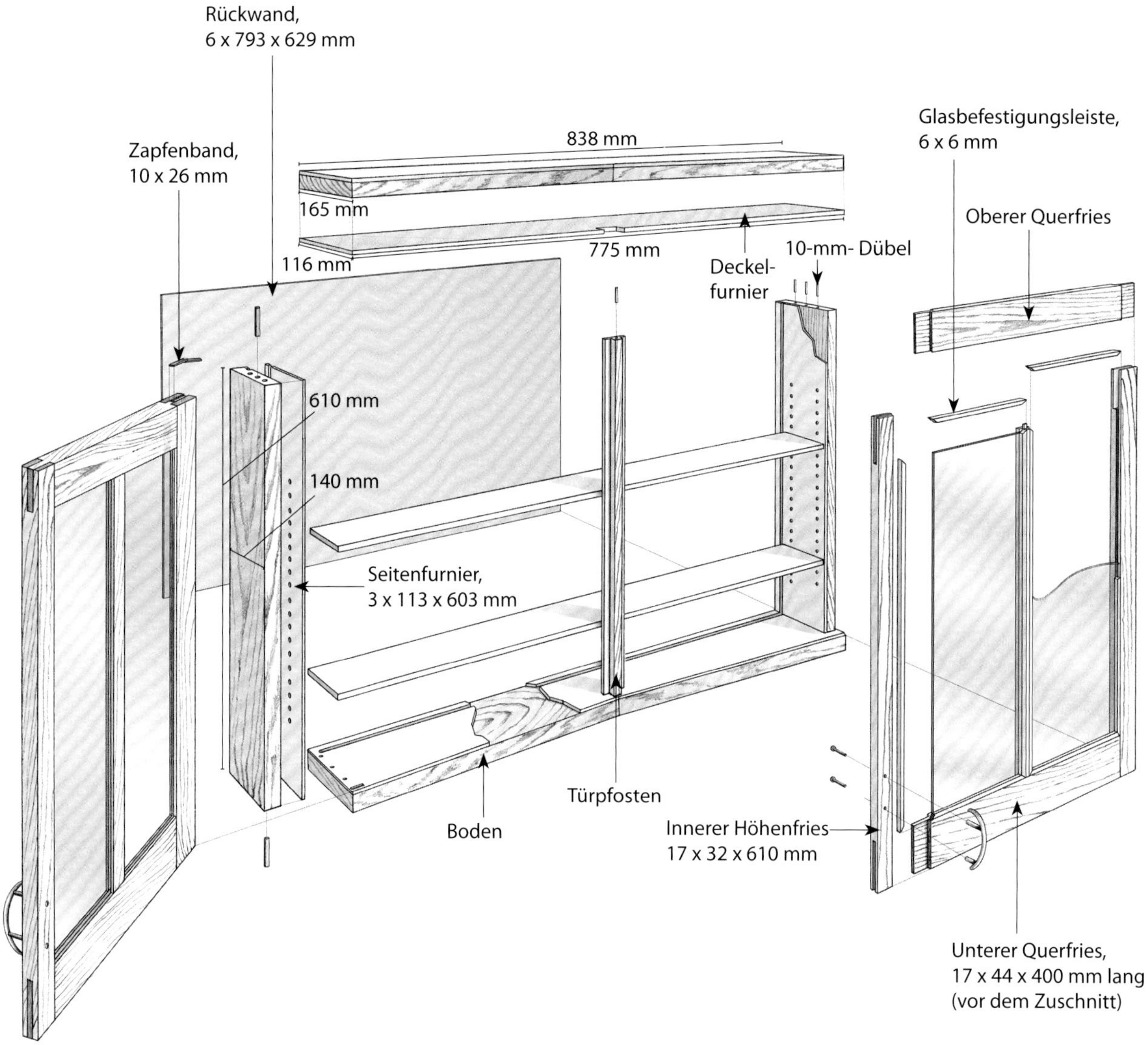

Rückwand,
6 x 793 x 629 mm
Zapfenband,
10 x 26 mm
838 mm
165 mm
116 mm
775 mm
Deckel-
furnier
10-mm- Dübel
Glasbefestigungsleiste,
6 x 6 mm
Oberer Querfries
610 mm
140 mm
Seitenfurnier,
3 x 113 x 603 mm
Boden
Türpfosten
Innerer Höhenfries
17 x 32 x 610 mm
Unterer Querfries,
17 x 44 x 400 mm lang
(vor dem Zuschnitt)

Deckel- und Bodenmaße

21 mm
Schlitz für das Zapfenband
165 mm
10-mm-Dübellöcher,
17 mm von der Seitenkante
entfernt
10-mm-Loch
für den Türpfostendübel
5°-Winkel
41 mm
41 mm
6-mm-Nut
13 mm
36 mm
838 mm

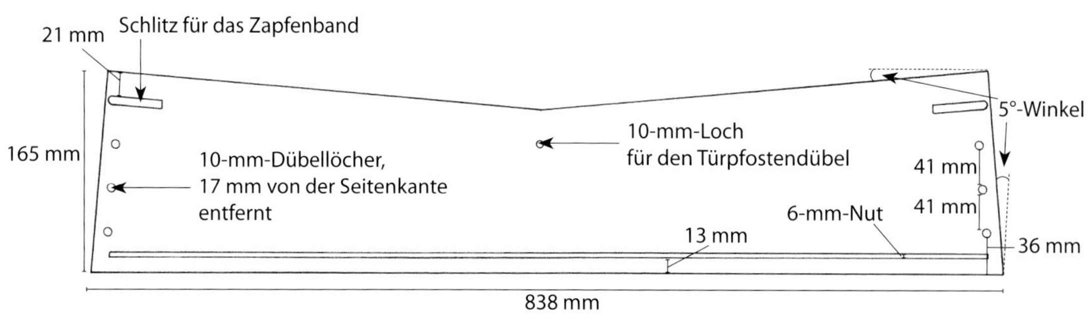

Materialliste Kirschholz-Schaukasten

Anzahl	Bezeichnung	Abmessung	Bemerkung
2	Deckel oder Boden	21 x 165 x 838 mm	Kirsche
2	Seitenwände	22 x 140 x 610 mm	Kirsche
2	Deckel- oder Bodenfurniere	3 x 116 x 775 mm	Linde
2	Seitenfurniere	3 x 113 x 597 mm	Linde
1	Türpfosten	25 x 32 x 610 mm	Kirsche
2	Äußere Höhenfriese	17 x 38 x 610 mm	Kirsche
2	Innere Höhenfriese	17 x 32 x 610 mm	Kirsche
2	Mittige Höhenfriese	17 x 22 x 564 mm	Kirsche
2	Untere Querfriese	17 x 44 x 400 mm*	Kirsche
2	Obere Querfriese	17 x 38 x 400 mm*	Kirsche
2	Einlegeböden	5 x 110 x 768 mm	Linde
1	Rückwand	6 x 793 x 629 mm	Sperrholz aus baltischer Birke
2	Satz Zapfenbänder	ca. 10 x 44 mm	
8	Glasbefestigungsleisten	6 x 6 x 162 mm	Kirsche
8	Glasbefestigungsleisten	6 x 6 x 539 mm	Kirsche
48	Drahtstifte	1 mm Durchmesser x 13 mm lang	
16	Bodenträger	6 mm Durchmesser x 19 mm lang	Aus einem Laubholzdübel zugeschnitten
14	Dübel	10 mm Durchmesser x 38 mm lang	Handelsware oder aus einem Laubholzdübel zugeschnitten
2	Magnetverschlüsse		
4	Glasscheiben	3 x 168 x 539 mm 3 mm stark	

*Mit Übermaß ablängen, damit ein Bündigschneiden mit den Höhenfriesen möglich ist.

Deckel und Boden herstellen

STELLEN SIE DEN GEHRUNGSANSCHLAG der Tischkreissäge auf 5° ein, und schrägen Sie den Deckel und den Boden an den Schmalseiten an.

Von der Form her sieht der Schrank kompliziert aus, eigentlich ist er aber ganz einfach zu bauen. Sämtliche Schnitte sind 5°-Schnitte. Verarbeitet werden zwei verschiedene Hölzer, Kirsche und Linde, und noch einfacher ist das Projekt, wenn man alles aus einem einzigen hellen Holz anfertigt. Man beginnt damit, das Kirschbaumholz auf Stärke und Breite zu hobeln und zu sägen.

1. Montieren Sie den Gehrungsanschlag der Tischkreissäge, und schrägen Sie die Schmalseiten des Deckels und des Bodens im Winkel von 5° an **(Foto A)**.

2. Reißen Sie die Kontur der Schrankfront auf Deckel und Boden an. Halten Sie einen Zimmermannswinkel (oder ein Winkelmaß und ein Lineal) fest an die Kante, und ziehen Sie jeweils von der vorderen Ecke bis zur Mitte der Kante eine Linie. Die Linien kreuzen sich in der Mitte **(Foto B)**.

3. Prüfen Sie, ob sich die Anrisse tatsächlich in der Mitte kreuzen. Messen Sie quer über die Rückseite. Ziehen Sie dann mithilfe eines Winkelmaßes von der Rückseite zur Vorderseite eine Linie.

4. Sägen Sie mit der Bandsäge so, dass die Schnittlinie auf der Verschnittseite der Bleistiftlinien verläuft **(Foto C)**.

DAMIT DIE VORDERSEITE VON DECKEL UND BODEN im richtigen Winkel gesägt werden, legen Sie ein Winkelmaß an die Kanten und ziehen eine Linie von den Ecken bis zur Mitte der Kante.

SÄGEN SIE DAS FRONTPROFIL auf der Bandsäge, und zwar stets auf der Verschnittseite der Linie, damit man die Kanten nach dem Sägen noch glätten kann.

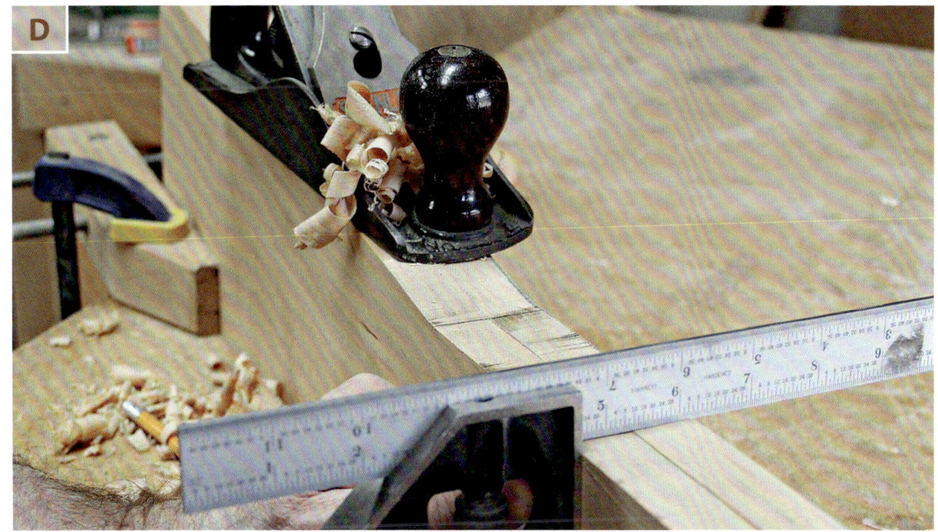

SPANNEN SIE DEN DECKEL und den Boden mit Zwingen zusammen, und glätten Sie die groben Schnittkanten mit einem Hobel von Hand. Prüfen Sie die Kante immer wieder auf Rechtwinkligkeit. Arbeiten Sie mit einem Exzenterschleifer nach, doch verrunden Sie die Stelle nicht, an der sich die Winkel schneiden.

5. Spannen Sie den Deckel und den Boden mit Zwingen zusammen, glätten Sie die Kanten mit einem Hobel, und entfernen Sie Bandsägespuren. Ich arbeite mit einem Putzhobel Nr. 4 und prüfe die gehobelten Kanten mit einem Winkelmaß auf Rechtwinkligkeit **(Foto D)**.

6. Arbeiten Sie die Kante zum Schluss mit einem Exzenterschleifer nach. Dort, wo sich die Winkel schneiden, schleifen Sie mit einem Schleifklotz, damit die aufeinandertreffenden Winkel klar konturiert bleiben.

In Deckel und Boden Nuten schneiden und Dübellöcher bohren

REISSEN SIE mit dem Streichmaß an den Deckel- und Bodenschmalseiten 17 mm von der Kante entfernt eine Linie an. Darauf liegen die Mitten der Dübellöcher.

1. Stellen Sie die Nadel des Streichmaßes auf 17 mm Abstand zum Anschlag ein, und reißen Sie auf der Innenseite der Schmalseiten von Deckel und Boden eine Markierungslinie an. Auf dieser Linie liegen die Mitten der Dübellöcher. Dadurch liegen die Löcher mittig auf den 22 mm starken Seitenwänden und die Seitenwände 6 mm von der Kante entfernt **(Foto E)**. Anhand dieser Markierung sehen Sie auch, wo die Nut für die Rückwand im nächsten Schritt endet.

TIPPS & TRICKS

Fräst man die Nut, ehe man die Dübellöcher bohrt, so hat man eine optische Orientierung für die Lochpositionen.

2. Fräsen Sie mit einer Handoberfräse mit 6-mm-Fräser und Parallelanschlag auf der Innenseite von Deckel und Boden 13 mm von der Hinterkante entfernt eine 10 mm tiefe Nut **(Foto F)**. Für unsere 6 mm starke Rückwand aus Birkensperrholz hätte eine weniger tiefe Nut genügt, doch ich entschied mich für eine Tiefe von 10 mm, um die Rückwand leimen und dem Schrank dadurch mehr Stabilität geben zu können.

3. Markieren Sie die Dübellochpositionen. Das erste Loch sollte 44 mm von der Vorderkante entfernt liegen, um genügend Platz für die 6-mm-Laibung und die 19-mm-Türstärke (einschließlich etwas Spiel zwischen Türen und Seitenwänden) zu belassen. Reißen Sie das nächste Loch 41 mm neben dem ersten und das dritte Loch 41 mm neben dem zweiten an. Reißen Sie die Kreuzungspunkte zwischen der Streichmaß-Markierungslinie und den Maßen der Dübelpositionen mit einer Ahle an – so kann man den Bohrer gut ansetzen.

4. Bohren Sie die Dübellöcher mit der Ständerbohrmaschine 16 mm tief. Stellen Sie die Tiefe sorgfältig ein, damit Sie das Holz nicht durchbohren. Verwenden Sie einen Bohrer mit Zentrierspitze, um den Bohrer präzise mit den Markierungen auszurichten **(Foto G)**.

5. Bohren Sie die Dübellöcher für den Türpfosten mit der Ständerbohrmaschine. Das Loch sollte jeweils genau mittig zwischen den Deckel- und Bodenschmalseiten und 110 mm von der Hinterkante entfernt liegen, wodurch der 6-mm-Rücksprung von der Pfosten-Vorderkante zur Türfläche erreicht wird.

FRÄSEN SIE DIE NUT für die Rückwand auf der Innenseite von Deckel und Boden mit einer Handoberfräse mit Parallelanschlag.

BOHREN SIE DIE DÜBELLÖCHER mit der Ständerbohrmaschine. Mit einem Bohrer mit Zentrierspitze lässt sich der Bohrer ganz leicht auf den Markierungen zentrieren. Bohren Sie auch die Löcher für den Türpfosten.

TIPPS & TRICKS

Heutzutage gibt es Bohrmaschinen mit Positionslaser, doch sie sind nur so genau wie Ihre Aufmerksamkeit beim Einrichten und Ihre Sorgfalt beim Anreißen war.

Seitenwände und Türpfosten herstellen

STELLEN SIE DIE TÜRANSCHLÄGE im Türpfosten her. Führen Sie dazu an beiden Seiten 5°-Schnitte aus. Reduzieren Sie dann die Schnitthöhe, legen Sie die Innenseite gegen den Anschlag, und lassen Sie die Schnitte zusammenlaufen.

NEIGEN SIE DAS SÄGEBLATT auf 5°, um die Nuten für die Rückwand in die Seitenwände zu sägen. Schieben Sie den Anschlag vom Sägeblatt weg, um die Nut auf 6 mm zu verbreitern.

Da die Seitenwände um 5° zur Rückwand versetzt sind, werden sie an der Vorderkante im 90°-Winkel und an der Hinterkante im 5°-Winkel gesägt. Aus diesem Grunde müssen Sie in die Rückwand eine schräge Nut schneiden. Man hobelt das Material für die Seitenwände auf 22 mm Stärke, richtet eine Kante mit dem Abrichthobel ab und sägt dann die andere Kante mit der Tischkreissäge auf 5°. Das Kirschholz für den Türpfosten hobeln und sägen Sie auf 25 x 38 mm.

1. Sägen Sie die Nut für die Rückwand mit der Tischkreissäge. Stellen Sie die Schnitthöhe auf 10 mm und den Anschlag so ein, dass zwischen Nutaußenkante und Seitenwandhinterkante 13 mm Platz ist. Schieben Sie den Anschlag für den zweiten Schnitt 3 mm näher an das Sägeblatt heran, sodass der Schnitt passend für die 6-mm-Sperrholzrückwand verbreitert wird (Foto A).

2. Belassen Sie das Sägeblatt in dem Winkel, in dem Sie die Nuten für die Rückwand geschnitten haben. Stellen Sie die Schnitthöhe über dem Sägentisch auf 19 mm ein. Ich reiße auf der Stirnseite des Holzes eine Markierung an, damit ich sehen kann, dass das Sägeblatt 22 mm neben der Innenkante schneidet. Anders ausgedrückt: Der Schnitt erfolgt 22 mm von der Holzkante entfernt. Lehnen Sie nun eine Kante gegen den Anschlag, sägen Sie, und drehen Sie das Holz an den Schmalseiten in Querrichtung, um die andere Kante zu sägen (Foto B).

BOHREN SIE DIE DÜBELLÖCHER in die Stirnseiten der Seitenwände mithilfe einer Bohrlehre. Begrenzen Sie die Lochtiefe mit einem Tiefenanschlag.

3. Stellen Sie den Anschlag neu ein, und reduzieren Sie die Schnitthöhe, sodass sich der Schnitt mit den vorherigen Schnitten kreuzt. Dabei liegt die Pfosteninnenseite am Anschlag. Montieren Sie aus Genauigkeitsgründen den Schlitten an die Tischkreissäge, und längen Sie die Seitenwände und den Pfosten ab.

4. Bohren Sie mithilfe einer Bohrlehre 28 mm tief in die Stirnseiten der Seitenwände hinein (Foto C).

5. Bohren Sie mithilfe einer Bohrlehre mittig in die Stirnseite des Türpfostens. Richten Sie die Vorrichtung so aus, dass das Loch exakt in der Mitte der Pfostenstirnseite liegt **(Foto D)**.

BOHREN SIE DÜBELLÖCHER in beide Stirnseiten des Türpfostens. Sie müssen sehr sorgfältig ausgerichtet sein, damit der Türanschlag im fertigen Schrank exakt mittig und vertikal steht.

TIPPS & TRICKS

Wer zum ersten Mal mit einer Bohrlehre arbeitet, sollte Probelöcher in Abfallholz bohren, damit die Markierungen genau fluchten. Das gilt vor allem, wenn an den Stirnseiten jeweils nur ein einziger Dübel verwendet wird.

Türen herstellen

Nun, da die Seitenwände, der Deckel, Boden und Türpfosten mit Dübellöchern versehen sind, sollten Sie die Teile einmal probeweise zusammenbauen und die Türmaße nachmessen. Haben Sie sich genau an die Schnittliste gehalten, sollte das lichte Maß von Deckel bis Boden und ab Innenkante Türpfosten 610 x 394 mm betragen. Falls nicht, passen Sie die Türmaße durch Verlängern oder Kürzen der Teile an. Man beachte, dass ich die Querfriese etwas länger belasse, um sie nach dem Zusammenbau mit den Höhenfriesen bündig abschneiden zu können. Zur Vereinfachung des Konstruktionsprozesses säge ich darüber hinaus alle Zapfen auf gleiche Länge und schneide sie später passend. Bei der Falztiefe habe ich mich nach der Glasstärke gerichtet: Die Falze werden 10 mm tief gesägt - die Glasstärke beträgt ca. 3 mm und die Glasbefestigungsleiste misst 6 mm (siehe Zeichnung auf S. 71.

1. Hobeln Sie zunächst das Holz, und sägen Sie es auf Breite. Dann längen Sie es auf der Tischkreissäge mit dem Ablängschlitten und Stoppklotz auf genaue Länge ab. Behalten Sie kleine Stücke Restholz zum Üben der nächsten Schritte. Besser machen Sie Ihre Fehler in Abfallholz als in bestem Kirschbaumholz.

2. Sägen Sie die Schlitze der offenen Schlitz- und Zapfenverbindungen in den Höhenfriesen mit einer Zapfenschneidevorrichtung an der Tischkreissäge. Bei den oberen Schnitten stellen Sie die Schnitthöhe auf 32 mm ein, bei den unteren auf 38 mm. Für den 6 mm breiten Schlitz sind zwei Schnitte erforderlich. Stets liegt das Holz mit der Innenseite an der Vorrichtung. Den ersten 3-mm-Schnitt führen Sie bei 6 mm aus, beim zweiten Schnitt stellen Sie die Vorrichtung so ein, dass er auf 6 mm verbreitert wird **(Foto A)**.

3. Bei den folgenden Schnitten arbeite ich mit einem zweistufigen Stoppklotz. Das Mittelteil ist fest mit dem Ablängschlitten verspannt, das freie Teil ermöglicht zwei Einstellungen für den Abstand des Schnitts zur Werkstückstirnseite.

SÄGEN SIE DIE SCHLITZE an den Stirnseiten der Höhenfriese auf der Tischkreissäge mit einer Zapfenschneidevorrichtung. Ich mache zunächst in jedes Teil einen Schnitt und stelle dann die Vorrichtung so ein, dass der Schnitt auf 6 mm verbreitert wird.

LEGEN SIE DIE QUERFRIESE mit der Außenseite nach unten auf den Ablängschlitten, und machen Sie in beide Enden einen 5 mm tiefen Schnitt.

DREHEN SIE DEN STOPPKLOTZ UM, sodass der Schnitt nun 6 mm näher an der Kante des Querfrieses verläuft, d.h. 33 mm von der Kante entfernt. Stellen Sie die Schnitthöhe auf 6 mm ein.

Verwendet man den Klotz mit dem einen Ende (und nicht mit dem anderen) nach rechts, ergeben sich um 6 mm versetzte Schnitte. So erhalten Sie ein Hilfsmittel, um die Lücke zu füllen, die an den Höhenfriesen nach dem Sägen eines durchgehenden Falzes zur Aufnahme der Glasscheibe entstanden ist. Um einen wie in den Fotos B und C abgebildeten Stoppklotz zu bauen, schneiden Sie gleich lange Teile, die präzise auf die beiden Schmalseiten des Mittelteils passen. Dann kürzen Sie ein Ende des freien Teils um 6 mm.

4. Stellen Sie den Stoppklotz so, dass 38 mm ab Werkstückende eine Brüstung gesägt wird. Dabei zeigt die Außenseite (Vorderseite) des Querfrieses nach unten. Führen Sie einen 5 mm tiefen Schnitt aus **(Foto B)**.

TÜRPROPORTIONEN

Bei kleinen Schränken verwende ich häufig für die unteren Querfriese breiteres Holz. Das dient dem Ausgleich der Entfernung, in der man die unteren Querfriese sieht. Wären die Querfriese an Deckel und Boden gleich groß, käme einem der untere wegen des größeren Abstands zu den Augen kleiner vor. Aus diesem Grund sind bei diesem Schrank die oberen Querfriese 38 mm und die unteren 44 mm breit. Darüber hinaus sind die Höhenfriese in der Mitte schmaler, damit man mehr vom Schrankinneren sieht.

STELLEN SIE DIE ZAPFEN mit der Zapfenschneidevorrichtung der Tischkreissäge fertig. Bei sämtlichen Schnitten zeigt die Rückseite des Querfrieses zur Vorrichtung.

5. Ohne das Mittelteil, das den Stoppklotz mit dem Ablängschlitten verspannt, zu lösen, drehen Sie das freie Stoppklotzteil um, sodass die Seite benutzt wird, auf der sich der 32-mm-Schnitt befindet. Stellen Sie eine Schnitttiefe von 6 mm ein, und sägen Sie bei nach unten gerichteter Rückseite des Querfrieses **(Foto C)**.

6. Sägen Sie die Zapfenwangen mit einer Zapfenschneidevorrichtung. Stellen Sie die Schnitthöhe bei den ersten Schnitten auf 32 mm ein. Dabei liegt der Querfries mit der Rückseite an der Vorrichtung **(Foto D)**. Stellen Sie nun die Vorrichtung zum Sägen der gegenüberliegenden Wange ein und die Schnitthöhe auf 38 mm.

7. Sägen Sie die Falze an den Innenflächen der Höhenfriese, Querfriese und mittigen Höhenfriese. Beim ersten Schnitt liegt das Werkstück mit der Rückseite flach auf der Tischkreissäge, die Schnitthöhe beträgt 10 mm, und der Anschlag ist so eingestellt, dass ein 6 mm breiter Schnitt erfolgt. Verringern Sie zur Fertigstellung des Falzes die Schnitthöhe auf 6 mm, und stellen Sie den Anschlag auf einen 10 mm breiten Schnitt ein. Dieses Mal sägen Sie das Teil hochkant, die Rückseite des Höhenfrieses liegt am Anschlag **(Foto E)**.

8. Nun, da die Falze gesägt sind, können Sie die Zapfen mit der Tischkreissäge und dem Ablängschlitten fertigstellen. Beim ersten Schnitt steht das Material aufrecht, und ein Stoppklotz sorgt dafür, dass der Schnitt 6 mm neben der Kante verläuft **(Foto F)**.

9. Beenden Sie den Schnitt mit einem verschiebbaren Stoppklotz. Ich habe die Schnitthöhe auf 6 mm eingestellt und den Stoppklotz so platziert, dass das Blatt mit der langen Zapfenbrüstung fluchtet. Schieben Sie den Stoppklotz nach links, um die Schnittposition festzulegen, dann nach rechts, damit er beim Sägen nicht im Weg ist **(Foto G)**.

10. Sägen Sie die Zapfen an den Stirnseiten des Türpfostens in der gleichen Weise wie an den Querfriesen. Beginnen Sie mit den versetzten Brüstungsschnitten, und stellen Sie die Zapfen mit der Zapfenschneidevorrichtung fertig **(Foto H)**. Sägen Sie dann auf beiden Seiten der Rückseite 6 mm breite x 10 mm hohe Falze für die Glasscheiben und die Glasbefestigungsleisten **(Foto I)**.

SÄGEN SIE DIE FALZE. Beim ersten Schnitt zeigt die Rückseite nach unten auf die Tischkreissäge. Justieren Sie dann die Schnitthöhe und die Anschlagposition, und stellen Sie die Falze bei gegen den Anschlag zeigender Rückseite fertig.

SÄGEN SIE DIE ZAPFEN auf Breite. Spannen Sie den Querfries mit einer Zwinge an den Anschlag des Ablängschlittens.

STELLEN SIE DAS WERKSTÜCK hochkant, und beenden Sie den Schnitt. Richten Sie es mit einem verschiebbaren Stoppklotz aus.

SÄGEN SIE DIE ZAPFEN DES MITTIGEN HÖHENFRIESES wie die Zapfen der Querfriese. Sägen Sie die Brüstung versetzt mit dem Ablängschlitten, die Zapfenwangen mit der Zapfenschneidevorrichtung. Schließlich sägen Sie Falze auf beiden Seiten der Rückseite.

11. Bohren Sie die Zapfenlöcher für die mittigen Höhenfriese mit der Ständerbohrmaschine und einem 6-mm-Bohrer. Ich bohre mit 6 mm Abstand zueinander zwei 13 mm tiefe Löcher in die Falzkante. Entfernen Sie das Holz zwischen den Bohrlöchern mit einem Beitel (**Foto J**).

12. Leimen Sie die Holzverbindungen für die Türen, und legen Sie Ausgleichsplättchen unter die zusammengebauten Türrahmen, damit sich die Tür nicht verdreht. Ziehen Sie die Schlitze in den Höhenfriesen mit Schraubzwingen auf den Zapfen der Querfriese fest.

13. Ist der Leim vollständig getrocknet, entfernt man die Zwingen und schneidet die Querfriese auf der Tischkreissäge mit den Höhenfriesen bündig. Setzen Sie die Tür probeweise in die Türöffnung ein, und tragen Sie oben und unten so viel Material ab, dass an jedem Ende 1,5 mm Spielraum verbleiben. Glätten Sie die Kanten mit einem Schleifklotz.

BOHREN SIE MIT DER STÄNDERBOHRMASCHINE mit einem 6-mm-Bohrer die Zapfenlöcher für die mittigen Höhenfriese in die Querfriese. Entfernen Sie das Holz zwischen den Löchern mit einem Beitel. Die Zapfenlöcher sind länger als erforderlich, werden aber von den Glasbefestigungsleisten verdeckt.

Türdetail

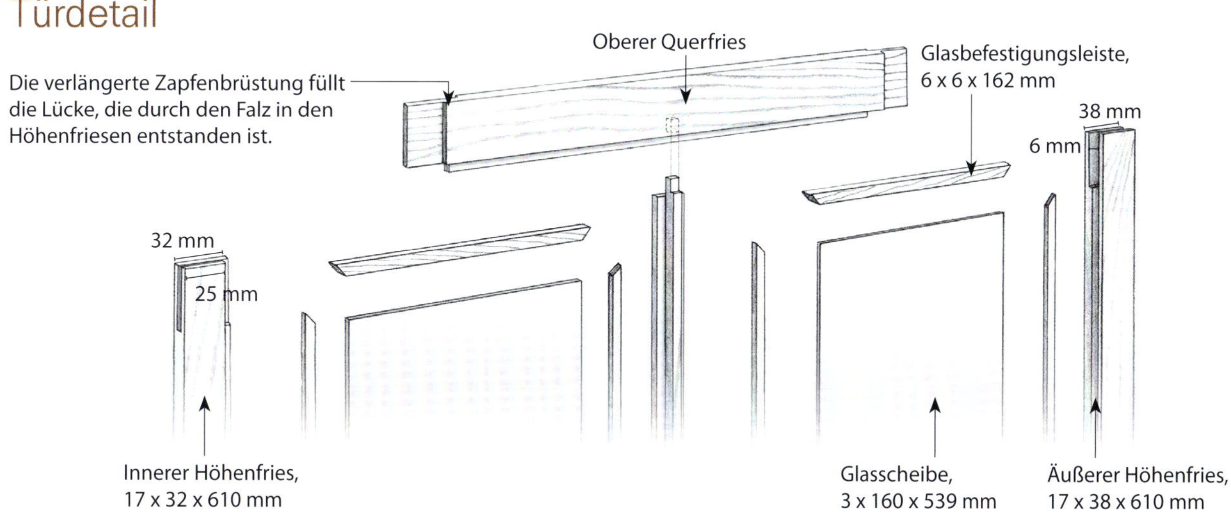

In Deckel und Boden Ausklinkungen für das Zapfenband fräsen

BEIM FRÄSEN DER ZAPFENBANDAUSKLINKUNGEN verwendet man einen Abstandhalter zum Positionieren der den Fräsweg begrenzenden Stoppklötze. Markieren Sie die Mitte des Abstandhalters, und richten Sie diese Markierung mit der Mitte der Zapfenbandposition aus.

STELLEN SIE DEN HANDOBERFRÄSENANSCHLAG auf den richtigen Abstand der Zapfenbandausklinkung zur Kante ein. Der 10-mm-Fräser fräst die Nut genau passend zur Breite der 10-mm-Zapfenbänder. Stoppklötze begrenzen den Weg des Fräsers. Stellen Sie die Frästiefe auf die Stärke des Zapfenbandblatts ein.

Zapfenbänder sind auf der Schrankaußenseite kaum zu sehen und sorgen für eine professionelle und moderne Optik. Häufig werden sie zeitaufwändig von Hand eingebaut. Ich mache den Großteil der Arbeit am liebsten mit der Handoberfräse und erspare mir dadurch weitgehend das Ausstechen mit dem Beitel. Fräsen Sie also die Ausklinkungen in Deckel und Boden mit der Handoberfräse. Nachdem Sie den Schrank zusammengebaut und die Türen auf Fertighöhe und -breite zugeschnitten haben, fräsen Sie die Ausklinkungen in den Türen auf dem Handoberfräsentisch.

1. Schneiden Sie ein Holzstück zu, das Ihnen beim Fräsen der Ausklinkungen in Deckel und Boden als Lehre bzw. Abstandhalter dient. Messen Sie die Breite der Handoberfräsengrundplatte, addieren Sie den Weg des Fräsers, und subtrahieren Sie den Fräserdurchmesser. Meine Grundplatte misst 158 mm. Die Zapfenbänder messen 44 mm, und der Fräserdurchmesser beträgt 10 mm (Grundplatte + Fräserweg – Fräserdurchmesser = 194 mm). Möglicherweise hat Ihre Grundplatte andere Maße, messen Sie also sorgfältig. Markieren Sie genau in der Mitte des Abstandhalters eine Linie.

2. Markieren Sie für beide Türen die Zapfenbandmitte auf den Deckel- und Bodenvorderkanten. Das Zapfenband muss 3 mm über die Türkante hinausragen. (Die Markierung liegt jeweils 25 mm neben den Deckel- und Bodenenden.)

3. Richten Sie den Abstandhalter mit der Markierung an den Deckel- und Bodenenden aus, und setzen Sie die Stoppklötze, die den Weg des Fräsers begrenzen, dementsprechend an. Die Stoppklötze müssen fest verspannt werden **(Foto K)**.

4. Fräsen Sie die Zapfenbandausklinkung. Stellen Sie den Handoberfräsenanschlag so ein, dass der Fräser im richtigen Abstand zur Kante fräst. Stellen Sie die Frästiefe so ein, dass ein Zapfenbandblatt mit der Holzoberfläche bündig ist **(Foto L)**.

5. Stechen Sie an jeder Ausklinkung eine Schmalseite mit einem 10-mm-Beitel rechtwinklig, und belassen Sie die andere Schmalseite entsprechend der Zapfenbandform gerundet **(Foto M)**.

STECHEN SIE EINE SCHMALSEITE der Ausklinkung mit einem 10-mm-Beitel passend zum Zapfenbandprofil rechtwinklig.

Einlegeböden und Furniere herstellen

Trennen Sie das Material für die Einlegeböden und Innenflächenfurniere aus Lindenholz mit der Tischkreissäge auf. Die Schnitthöhe muss etwas mehr als die halbe Materialbreite betragen. Sägen Sie zunächst die eine Kante, drehen Sie das Brett dann um, um von der anderen Seite zu sägen. Sie können das Holz auch auf der Bandsäge auftrennen. Für die Einlegeböden und die Innenflächenfurniere benötigen Sie insgesamt drei 787 mm lange und 25 mm starke Lindenholzstücke.

1. Sägen Sie zwei 8 mm starke Teile aus 127 mm breitem und 25 mm starkem Lindenholz auf der Tischkreissäge zu. Das verbliebene dünne Stück können Sie für das Furnier an Deckel, Boden oder Seitenwänden verwenden **(Foto A)**.

2. Hobeln Sie das Material für die Einlegeböden auf 5 mm Stärke. Hobeln Sie dann das verbliebene Material auf 3 mm Stärke.

3. Richten Sie eine Kante des Materials ab, und sägen Sie es auf eine gleichmäßige Breite von 121 mm.

4. Markieren Sie die schrägen Schnitte an den Vorderseiten der Einlegeböden und Deckel- und Bodenfurniere. Sägen Sie mit der Bandsäge auf der Verschnittseite der Markierungslinie.

5. Spannen Sie die Einlegeböden und die Deckel- und Bodenfurniere an den Deckel oder Boden, und verwenden Sie sie als Fräslehre. Positionieren Sie das zu fräsende Teil 44 mm von der Hinterkante der Lehre entfernt. Fräsen Sie die Teile mit einer Kantenfräse mit Ausstechfräser bündig **(Foto B)**. Führen Sie die Fräse von rechts nach links, um Faserausrisse zu vermeiden. Dieses sogenannte Gleichlauffräsen sollten Sie nur bei geringer Spanabnahme durchführen. Bei starker Spanabnahme könnte es zu ungewollten Rückschlägen an der Oberfäse kommen.

6. Längen Sie das Deckel- und Bodenfurnier ab, und fasen Sie dabei die Enden im Winkel von 5° an. Um die genaue Lage der Schnitte festzulegen, messen Sie beiderseits der Mitte die gleiche Strecke. Prüfen Sie den verbliebenen Platz für die Seitenwände an jedem Ende noch einmal nach (er sollte ab der Kante des Deckel- und Bodenendes etwa 25 mm betragen).

TRENNEN SIE DAS LINDENHOLZ mit der Tischkreissäge auf. Benutzen Sie einen Schiebestock, damit Sie nicht mit den Fingern in das Sägeblatt geraten.

SPANNEN SIE BEIM FRÄSEN ein Furnier als Lehre an den Deckel oder Boden.

TIPPS & TRICKS

Wenn man dünne Teile wie bei diesem Projekt das Deckel- oder Bodenfurnier und die Einlegeböden fräst, kann man zwei oder drei Teile zusammenspannen und gleichzeitig fräsen.

Furniere kleben

IN DIE NUT GESTECKTE und an den Schmalseiten befestigte Sperrholzreste sorgen dafür, dass das auf Deckel und Boden geklebte Furnier beim Ansetzen der Spannzwingen nicht verrutscht.

1. Schleifen Sie die Innenflächen von Deckel, Boden und Seitenwänden, ehe Sie die Lindenholzfurniere kleben.

2. Fräsen Sie die Kanten von Deckel und Boden mit einem 45°-Fasefräser. Fräsen Sie die Furnierkanten mit einem 1,5-mm-Abrundfräser, und überprüfen Sie die Maße.

3. Schneiden Sie die Seitenwandfurniere auf die Länge der Seitenwände, bzw. etwas kürzer zu. Exakter kann man sie ablängen, wenn sie bereits geklebt sind. Legt man kleine Birkensperrholzreste in die Nuten, kann man die Teile vor dem Anpressen mit Zwingen besser positionieren. Legen Sie solche Reststücke bereit, ehe Sie loslegen. Streichen Sie Leim auf die Innenflächen der Lindenholzfurniere. Es gibt sogenannte BL-Holzleime und hat eine lange Ablüfte- oder Trockenzeit. Kleben Sie jeweils nur ein Teil und erst danach die andere Seite, damit die Teile rechts auf rechts zusammengespannt werden können.

4. Ehe man die Furniere auf den Deckel und den Boden klebt, steckt man, wie in Foto C zu sehen, kleine Sperrholzreste in die Nut und befestigt Streifen an den Schmalseiten, um die Furniere an ihrem Platz zu halten, wenn man mit den Spannzwingen Pressdruck ausübt.

5. Spannen Sie Deckel, Boden und die beiden Seitenwände paarweise rechts auf rechts zusammen, damit der Pressdruck beim Kleben der Furniere verteilt wird (Foto D).

SPANNEN SIE DIE FURNIERE gleicher Teile paarweise zusammen, damit der Pressdruck gleichmäßig verteilt wird. Je mehr Spannzwingen, desto besser.

Montagevorbereitung

Vor dem Zusammenbau müssen Sie den Türpfosten einpassen. Dazu müssen Sie für die Bodenträger Löcher in die Seitenwände und in den Türpfosten bohren. Ohne die Bodenträger im Türpfosten müssten die Einlegeböden dicker sein, um die gleiche Stabilität aufzuweisen.

1. Stechen Sie das Furnier an Deckel und Boden entsprechend der Türpfostenkontur aus. Dazu stecken Sie einen Dübel in den Deckel oder Boden und in die Stirnseite des Pfostens und verwenden diesen beim Anreißen des abzutragenden Materials als Lehre. Dann umreißen Sie den Pfosten mit einem spitzen Bleistift oder Markiermesser (Foto A).

2. Tragen Sie das Material zum Einpassen des Türpfostens zwischen Deckel und Boden mit einem Beitel ab.

3. Stellen Sie die Schnitthöhe der Tischkreissäge auf 3 mm ein, und sägen Sie die Seitenwandfurniere auf Fertiglänge. Stellen Sie den Anschlag so ein, dass der Abstand zum Sägeblatt entsprechend der Stärke der Seitenwände 22 mm beträgt (Foto B).

4. Markieren Sie die Löcher für die Bodenträger in den Seitenwänden und im Türpfosten. Sie liegen 22 mm von den Seitenwandkanten entfernt. Achten Sie darauf, von den Enden der Seitenwände und des Türpfostens aus zu messen und nicht ab den Furnierenden, damit die Löcher fluchten.

STECKEN SIE EINEN DÜBEL in den Türpfosten. Zeichnen Sie die Pfostenkontur mit einem spitzen Bleistift oder Markiermesser auf das Deckel- und Bodenfurnier. Wichtig ist, dass Sie sorgfältig arbeiten. Entfernen Sie dann das Holz mit einem geraden Stechbeitel.

5. Bohren Sie die Löcher für die Bodenträger mit der Ständerbohrmaschine. Ich stelle den Abstand zur Kante mit einem am Maschinentisch befestigten Anschlag ein und verwende Bleistiftmarkierungen, um den Abstand zur Seitenwandunterkante anzuzeigen (Foto C).

SÄGEN SIE DIE ENDEN der Seitenwände mit der Tischkreissäge. Stellen Sie dabei die Schnitthöhe auf 3 mm ein, und belassen Sie zwischen Blatt und Anschlag einen Abstand entsprechend der Stärke der Kirschholzseitenwände (22 mm).

BOHREN SIE DIE LÖCHER für die Bodenträger 16 mm tief. Ich spanne einen Anschlag an den Tisch der Ständerbohrmaschine und lege die Lochpositionen anhand von Bleistiftlinien fest. Der Lochabstand beträgt 25 mm.

Zusammenbau

Schleifen Sie alle Innenflächenteile, ehe Sie sie zusammenbauen. Haben Sie den Schrank bisher noch nicht probeweise montiert, sollten Sie es nun tun, falls die Dübel nicht richtig sitzen. Schneiden Sie die Rückwand aus Birkensperrholz zu, und schleifen Sie sie sorgfältig. Ich glätte die Kanten oder fase sie an, damit sie sich leichter in die Nuten einpassen lassen.

1. Geben Sie Leim in die Dübellöcher und auch ein wenig in die Nutenenden. So wird die Rückwand zum Konstruktionsteil, das dem Schrank zusätzlich zu den Dübeln Stabilität verleiht **(Foto A)**.

2. Setzen Sie die Dübel ein, und spannen Sie den Schrank mit Zwingen zusammen. Setzt man die Türen ein, kann man sehen, ob der Schrank zu den Türen absolut rechtwinklig ist **(Foto B)**.

3. Schneiden Sie passend zur Rückwand einen Aufhänger zu. Ich habe im 35°-Winkel aufgetrenntes Lindenholz verwendet und es an die Schrankrückwand geleimt (siehe S. 53). Fasen Sie seine Schmalseiten passend zur Hinterkante der Seitenwände um 5° an.

VERLEIMT MAN DIE RÜCKWAND in den Nutenenden, erhöht man die Stabilität des Schrankes.

TIPPS & TRICKS

Schützen Sie den Schrank beim Ansetzen der Zwingen mithilfe von Holzklötzchen oder -plättchen, um Druckspuren zu vermeiden.

SPANNEN SIE DEN SCHRANK mit Rohr- oder Stabzwingen fest zusammen. Ich schütze das Kirschholz mit Holzplättchen vor Beschädigung.

Türen fertigstellen

A

FRÄSEN SIE DIE INNENKANTEN der Türen mit einem Kantenfräser mit Fasefräser, und stellen Sie die Ecken, wo der Fräser nicht hingelangt, mit einem geraden Stechbeitel fertig.

An den Türen müssen noch zwei weitere Arbeitsschritte ausgeführt werden: das Profil fräsen und die Zapfenbänder installieren. Auf dem Handoberfräsentisch lassen sich die Ausklinkungen für die Zapfenbänder der Tür sicher und akkurat fräsen. Ich stelle den Frästisch, den Anschlag und die Stoppklötze mit einer Rissleiste ein.

1. Fräsen Sie die Innenseite der Türrahmen mit einer Kantenfräse mit kugelgelagertem Anlaufring ausgestatteten handgeführten Kantenfräser. Arbeiten Sie zum Schluss in den Ecken mit einem geraden Stechbeitel **(Foto A)**.

Ausklinkungen fräsen

Zuerst messen Sie den Abstand von der Seitenwandkante zur Position der Zapfenbandausklinkungen, um festzulegen, in welcher Entfernung man den Anschlag zum 10-mm-Nutfräser am besten einstellt. Der Abstand vom Anschlag zum Fräser sollte zum Anschlag 0,75 mm geringer sein als der Abstand von der Seitenwand zu den gefrästen Ausklinkungen in Deckel und Boden. So erhält man 0,75 mm Spiel zwischen den Türen und den Seitenwänden. Ein zu fester Sitz führt zum Klemmen. Ich fräse am liebsten zweimal, damit die Passung auch wirklich stimmt. Dank der Rissleiste kann man den Fräser leicht wieder ansetzen und ggf. einen zweiten tieferen Schnitt ausführen.

2. Stellen Sie aus dünnem Holz eine Rissleiste her. Reste von 3 mm starkem Birkensperrholz oder solche vom Lindenholzfurnier sind dafür gut geeignet. Stellen Sie einen Stoppklotz so ein, dass er von der gegenüberliegenden Seite des Fräsers 41 mm entfernt ist. Machen Sie 41 mm vom Ende entfernt auf der Rissleiste eine Markierung, und verwenden Sie sie als Prüflehre. Fräsen Sie die Rissleiste, und legen Sie sie auf die Ausklinkung im Schrank. Nun sehen Sie den genauen Abstand zwischen der Tür und den Seitenwänden bei montierten Zapfenbändern. Sind Sie mit der Größe des Abstands nicht zufrieden, können Sie den Anschlag so verschieben, dass die Passung fester oder der Abstand von der Tür zu den Seitenwänden vergrößert wird **(Foto B)**.

3. Stellen Sie die Fräserhöhe so ein, dass ein Blatt des Zapfenbandes mit der Türoberfläche bündig ist. Sind Sie mit der Einstellung zufrieden, fräsen Sie die Ausklinkungen oben an der rechten Tür und unten an der linken Tür. Die Türinnenseite ist dabei gegen den Anschlag gerichtet. Halten Sie die Tür fest gegen den Anschlag, und schieben Sie sie in Richtung Stoppklotz und wieder zurück.

4. Um die gegenüberliegende Ausklinkung zu fräsen, drehen Sie die Rissleiste an den Schmalseiten in Querrichtung um und befestigen den Stoppklotz auf der gegenüberliegenden Seite unmittelbar neben dem Fräser **(Foto C)**.

5. Passen Sie die Zapfenbänder in die gefrästen Ausklinkungen ein. Ggf. arbeiten Sie mit einem 10-mm-Stechbeitel nach **(Foto D)**.

MIT EINER RISSLEISTE ist es kein Problem, den Abstand des Stoppklotzes zur entfernteren Fräserseite einzurichten. Auf diese Weise kann man die Unterkante der rechten Tür und die Oberkante der linken Tür exakt fräsen. Die Türrückseite liegt am Anschlag.

FRÄSEN SIE DIE VERBLIEBENEN AUSKLINKUNGEN mit umgekehrter Einstellung.

BIS AUF EIN WENIG Nacharbeit mit einem 10-mm-Beitel ist die Ausklinkung fertig.

6. Fertigen Sie die Glasbefestigungsleisten aus 6 x 6 mm starkem Holz an, und gehren Sie sie an den Enden passend zur Türinnenfläche. Schneiden Sie zuerst alle langen Teile und dann die 8 kürzeren Teile aus dem Rest zu.

7. Spannen Sie einen 13 mm langen 1-mm-Drahtstift in die Ständerbohrmaschine, und bohren Sie Führungslöcher in die Glasbefestigungsleisten **(Foto E)**.

8. Legen Sie ein Stück Karton auf das Glas, damit Sie es beim Einschlagen der Drahtstifte mit dem Hammer nicht verkratzen. Ein in den Zwischenraum zwischen innerem Höhenfries und gegenüberliegender Türseite gelegtes Holzstück stützt beim Hämmern ab. Verbiegt sich ein Stift auch nur geringfügig, hören Sie mit dem Hämmern auf und ersetzen ihn, ehe er zu krumm geworden ist, um ihn vollständig einschlagen zu können **(Foto F)**.

TIPPS & TRICKS

Für diese Arbeit können Sie eine Nagelpistole verwenden, doch Sie laufen Gefahr, dass das Glas bricht, wenn ein Nagel sein Ziel verfehlt. Darüber hinaus lassen sich beim Auswechseln der Glasscheiben eingehämmerte Drahtstifte leichter entfernen als pneumatisch eingetriebene.

SPANNEN SIE EINEN DRAHTSTIFT in die Ständerbohrmaschine. Er dient zum Vorbohren der Löcher in den Glasbefestigungsstreifen.

SCHÜTZEN SIE DAS GLAS beim Einschlagen der Drahtstifte mit Karton. Ein hinter den Hammer gelegtes Holzstück stützt beim Einschlagen der Nägel in den inneren Höhenfries gut ab.

Vitrine im Arts-&-Crafts-Stil

Ich lebe in einer kleinen Touristenstadt mit einem lebhaften historischen Zentrum voller kleiner Läden und Galerien. Eureka Springs in Arkansas ist zudem Heimat ungezählter Künstler und Mäzene. Als örtlicher Holzhandwerker habe ich bereits viele kleine Schränke zur Aufbewahrung kleinerer Kunstsammlungen oder als Verkaufsvitrinen bei Handwerkerausstellungen hergestellt. Einige Schränkchen finden auch in unserem Heimatmuseum Verwendung, um darin Artefakte aus der Geschichte unserer Stadt zu präsentieren.

Dieser kleine Schrank wurde von den Arbeiten Gustav Stickleys aus der Arts-and-Crafts-Bewegung inspiriert. Die Breite der Bodenpartie betont seinen stabilen Stand. Die Seitenwände werden mit Deckel und Boden durch verkeilte Vollzapfen verbunden, einer Technik, die durch die Arts-and-Crafts-Bewegung Popularität erhielt. Glasfüllungen an Vorder- und Rückseite lassen Licht in den Schrank einfallen, sodass keine Innenbeleuchtung erforderlich ist.

Vitrine im Arts-&-Crafts-Stil

Verkeilte Vollzapfen sind ein Markenzeichen von Stickley-Möbeln aus der Periode der Arts-and-Crafts-Bewegung. Bei diesem Schaukasten verwende ich Flachdübel, um das Ausrichten der schrägen Türen und des vorderen Rahmens bei der Montage zu vereinfachen.

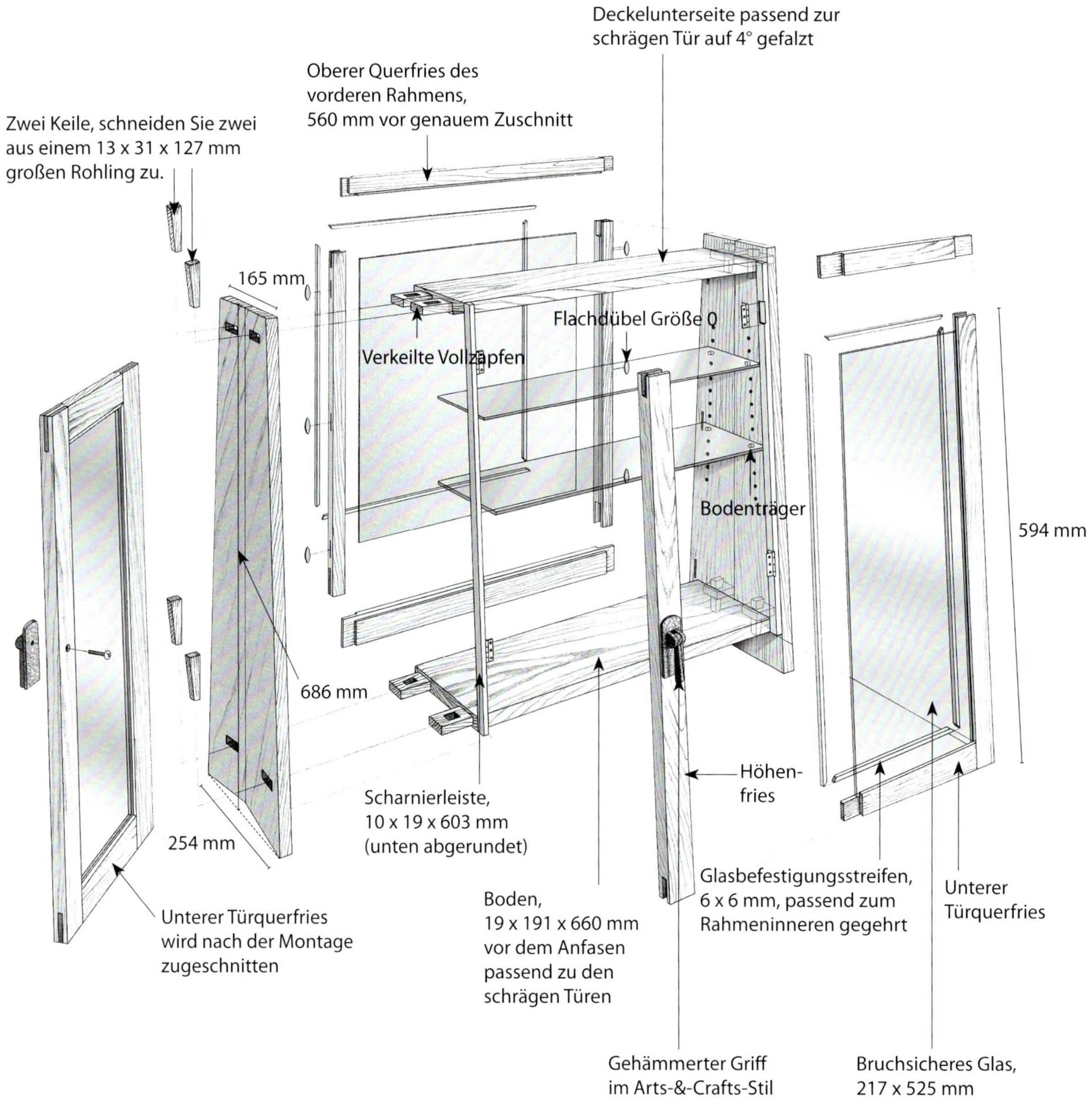

Materialliste Schaukasten im Arts-&-Crafts-Stil

Anzahl	Bezeichnung	Abmessung	Bemerkung
2	Seitenwände	19 x 254 x 686	Weißeiche
1	Deckel	19 x 152 x 660 mm	Weißeiche
1	Boden	19 x 191 x 660 mm*	Weißeiche
4	Höhenfriese	17 x 57 x 594 mm	Weißeiche
2	Obere Türquerfriese	17 x 31 x 271 mm**	Weißeiche
2	Untere Türquerfriese	17 x 51 x 271 mm	Weißeiche
2	Scharnierleisten	19 x 10 x 603 mm***	Weißeiche
2	Höhenfriese für vorderen Rahmen	17 x 31 x 594 mm	Weißeiche
1	Oberer Querfries für vorderen Rahmen	17 x 31 x 560 mm	Weißeiche
1	Unterer Querfries für vorderen Rahmen	17 x 51 x 560 mm	Weißeiche
8	Keile	13 mm dick x 127 mm lang (von 19 mm auf 10 mm angeschrägt)****	Weißeiche
2	Paar Schmale Messingscharniere	22 x 40 mm	Baumarkt
4	Glasbefestigungsleisten	6 x 6 x 219 mm	Weißeiche
6	Glasbefestigungsleisten	6 x 6 x 524 mm	Weißeiche
2	Glasbefestigungsleisten	6 x 6 x 508 mm	Weißeiche
12	Flachdübel	Nr. 0	
2	Griffe	22 x 61 mm	Beschlaghandel oder Baumarkt
32	Drahtstifte	13 mm x 1 mm Durchmesser	Stahl
2	Türverglasungen	217 x 525 mm	Bruchsicheres Glas
1	Rückwandverglasung	507 x 525 mm	Bruchsicheres Glas
1	Oberer Glasboden	6 x 127 x 555 mm	Kanten poliert
1	Unterer Glasboden	6 x 146 x 555 mm	Kanten poliert
8	Bodenträger	6 mm Durchmesser x 19 mm	Zuschnitt aus Holzdübeln

*Zirkamaß; wird nach Herstellung der Zapfen auf Endmaß geschnitten. **Alle Querfriese haben in der Länge Übermaß. Nach der Montage werden die Zapfen mit den Seiten bündig geschnitten. ***Unten abgerundet. Sie ermöglichen 1 mm Spiel an der Türrückseite, um das Klemmen des Scharniers zu verhindern. ****Schneiden Sie 2 aus einem 13 x 32 x 127 mm großen Rohling zu. Wird nach dem Leimen und dem Zusammenbau auf Endmaß geschnitten und angeschrägt.

Seitenwände herstellen

Hobeln Sie das Material für den Deckel, den Boden und die Seitenwände auf 19 mm Stärke. Ziehen Sie eine Kante jedes Teils über den Abrichthobel, damit sie gerade und rechtwinklig wird. Ist Ihr Material nicht breit genug, um daraus Seitenwände von 254 mm zu erhalten, müssen Sie vor dem Hobeln auf fertige Stärke aus schmalerem Material ein Brett zusammenleimen. Längen Sie die Seiten auf 686 mm Fertiglänge ab.

1. Reißen Sie die Zapfenlöcher vor dem Anschrägen der Seiten an. Solange das Material rechteckig ist, lässt sich die Lage der Holzverbindungen besser prüfen. Markieren Sie die Zapfenlochpositionen in den Seitenwänden entsprechend den Maßen auf der unten abgebildeten Zeichnung (**Foto A**).

2. Schneiden Sie die Zapfenlöcher mit einer Stemmmaschine und einem 13-mm-Stemmeisen (falls Sie über keine derartige Maschine verfügen, können Sie die Zapfenlöcher von Hand schneiden oder den Großteil des überschüssigen Holzes zuerst mit der Ständerbohrmaschine oder der Oberfräse entfernen und dann die Löcher mit dem Beitel rechtwinklig stemmen). Stellen Sie den Stemmmaschinenanschlag auf die Entfernung des Zapfenlochs von der Unterkante ein,

REISSEN SIE DIE ZAPFENLÖCHER in den Seitenwänden sorgfältig an. Ich schraffiere den Verschnittbereich, damit ich die Einstellung der Stemmmaschine besser prüfen kann.

Korpusdetail

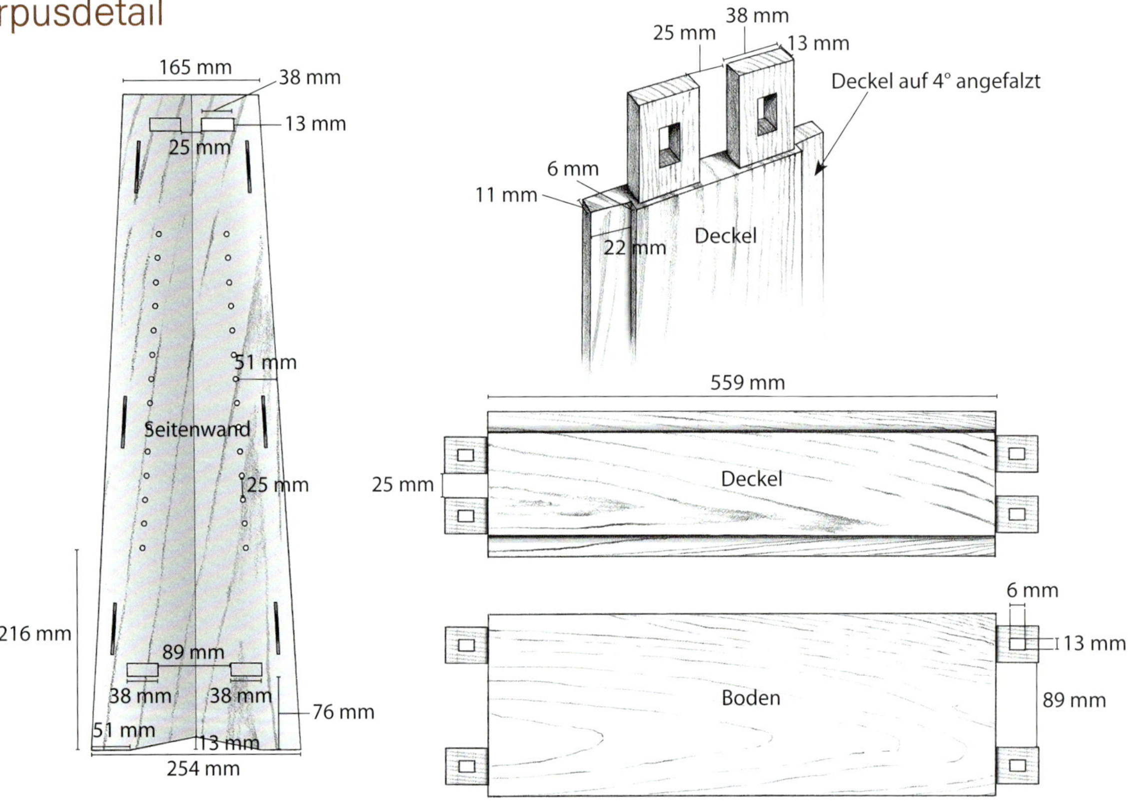

und arbeiten Sie mit einem Stoppklotz, um die Entfernung zur Seitenkante einzuhalten. Legen Sie ein Unterlegbrett unter das Brett, dass Sie stemmen, um Ausrisse zu minimieren. Schneiden Sie zunächst die Zapfenlochaußenkanten, und entfernen Sie anschließend das überschüssige Holz in der Mitte. So verhindern Sie, dass das Stemmeisen wandert, und das Zapfenloch erhält an beiden Materialseiten die gleichen Abmessungen **(Foto B)**.

3. Reißen Sie nun die Schräge der Seitenwände an. Machen Sie dazu von jeder oberen Ecke an der Oberkante 44 mm nach innen gemessen eine Bleistiftmarkierung. Verbinden Sie diese Markierungen mit Lineal und Bleistift mit der jeweiligen unteren Ecke. Es entstehen die konisch zulaufenden Seiten, wie in der Zeichnung auf S. 82 abgebildet. Sägen Sie auf der Bandsäge entlang der Verschnittseite dieser Linien.

4. Hobeln Sie die Seitenwandkanten auf dem Abrichthobel bis zu den Anrisslinien. Damit entfernen Sie die Bandsägespuren und erhalten an jeder Seitenwand eine gerade Vorder- und Hinterkante **(Foto C)**

5. Messen und markieren Sie in der Mitte jeder Seitenwand 13 mm oberhalb der Unterkante, und reißen Sie dann 51 mm von jeder Seitenwandkante nach innen gemessen Markierungen an. Verbinden Sie die Markierungen. Entfernen Sie das überschüssige Holz mit der Bandsäge **(Foto D)** und die Bandsägespuren mit dem Schleifklotz.

SCHNEIDEN SIE VON AUSSEN nach innen. Führen Sie bei jedem Stemmloch zuerst die äußeren Schnitte aus, und entfernen Sie dann das Holz in der Mitte.

HOBELN SIE DIE KANTEN an jeder Seitenwand auf dem Abrichthobel, um die Bandsägeschnitte zu begradigen.

MESSEN SIE 13 MM AB MITTE der Unterkante und 51 mm von jeder Seitenwandkante nach innen. Den dreieckigen Abfallholzbereich sägen Sie mit der Bandsäge weg.

TIPPS & TRICKS

Wenn Sie ein Zapfenloch in ein Brettende schneiden, sollten Sie das andere Ende unterstützen.

Deckel und Boden vorbereiten

Nachdem die Teile abgelängt und in der Breite mit geringem Übermaß (siehe S. 81) zugeschnitten sind, sägt man zunächst die Zapfenbrüstungen. Arbeiten Sie auf der Tischkreissäge mit Ablängschlitten und Stoppklotz, damit die Zapfenbrüstungen von jedem Ende gleich weit entfernt sind. Für einen 13 mm starken Zapfen müssen Sie bei 19 mm starkem Material von jeder Seite 3 mm abtragen.

1. Sägen Sie die Brüstungen auf dem Ablängschlitten. Stellen Sie die Schnitthöhe auf 3 mm und den Stoppklotz so ein, dass der Zapfen 51 mm lang wird. Machen Sie den gleichen Schnitt an jedem Ende und jeder Seite des Deckels und des Bodens **(Foto A)**.

2. Stellen Sie das Werkstück für die vertikalen Schnitte bis zu den Brüstungslinien aufrecht. Befestigen Sie das Teil jeweils mit Schraubzwingen. So geraten Sie mit den Händen nicht in die Nähe des Sägeblatts. Passen Sie die Schnitthöhe bis zur Schnittlinie aus dem vorherigen Arbeitsgang an, und arbeiten Sie bei jedem Schnitt mit dem Stoppklotz. Achten Sie darauf, dass der Schnitt nicht zu tief wird. Sie können einen zu vorsichtigen Schnitt mit dem Beitel nacharbeiten, einen zu tiefen Schnitt können Sie nicht korrigieren. Mehrere Arbeitsschritte sind erforderlich. Zum Sägen des Zapfenzwischenraums stellen Sie den Stoppklotz auf das Zapfenmaß ein, und bewegen Sie das Werkstück allmählich in aufeinanderfolgenden Schnitten vom Stoppklotz weg, bis das Holz zwischen den Zapfen vollständig entfernt ist **(Foto B)**.

3. Schneiden Sie die Zapfenlöcher für die Keile in den Zapfen, ehe Sie die Zapfenwangen sägen. So werden eventuelle Ausrisse entfernt. Stellen Sie den Stemmmaschinenan-

SÄGEN SIE DIE ZAPFEN an Deckel und Boden auf der Tischkreissäge mit Ablängschlitten und Stoppklotz. Stellen Sie die Schnitthöhe auf 3 mm oberhalb des Schlittens ein.

SÄGEN SIE DIE ZAPFEN an beiden Enden von Deckel und Boden mit Ablängschlitten und Stoppklotz. Befestigen Sie das Werkstück mit Schraubzwingen am Schlitten. Den Zapfenzwischenraum entfernen Sie komplett mit nebeneinanderliegenden Schnitten.

Zapfendetail

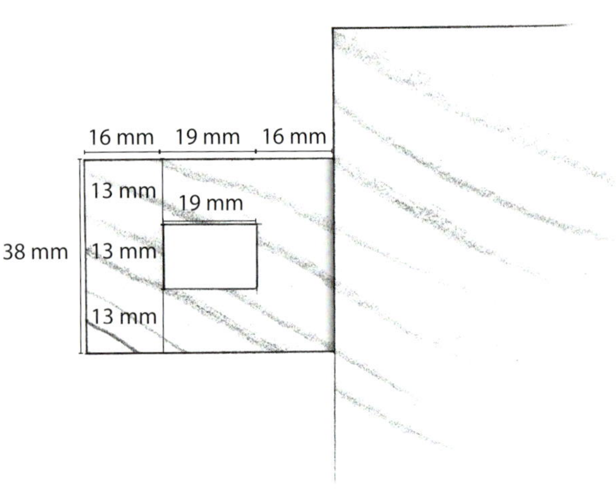

TIPPS & TRICKS

Eventuell möchten Sie sich langsam an die volle Schnitttiefe für die Zapfenwangen herantasten, um zu verhindern, dass der Zapfen zu dünn wird. Sie können eine Zapfenecke probeweise in das Zapfenloch hineinstecken, wenn Sie sich der Einstellung für den letzten Schnitt nähern.

Verschiebbarer Stoppklotz

Ein verschiebbarer Stoppklotz ermöglicht es, das Werkstück perfekt zu positionieren. Man schiebt ihn zum Positionieren des Werkstücks nach links und schiebt ihn dann aus dem Weg, damit sich der Verschnitt nicht fängt. Ein zwischen dem rotierenden Sägeblatt und einem Stoppklotz gefangenes Verschnittholz kann vom Blatt erfasst werden, sich festfressen oder dem Bediener ins Gesicht geschleudert werden. Zum Einrichten wird der Stoppklotz nach links geschoben und festgehalten, während das Mittelteil nach rechts geschoben und mit einer Zwinge am Schlitten befestigt wird. Bei der Arbeit halten Sie beim Positionieren des Werkstücks auf dem Schlitten das Verschiebestück nach links gegen den Klotz. Zum Schnitt schieben Sie es vom Werkstück weg.

schlag so ein, dass das 13-mm-Stemmeisen auf dem Zapfen zentriert ist. Arbeiten Sie zur Einhaltung der Entfernung des Zapfenloches zur Werkstückkante mit einem Stoppklotz. Ich schneide diese Löcher in zwei Schritten, damit sie lang genug werden und die Keile fest sitzen. Nach dem ersten Schnitt schieben Sie den Stoppklotz vom Stemmeisen weg und schneiden zum Verlängern des Zapfenlochs erneut **(Foto C)**. Die Maße für diesen Arbeitsgang finden Sie auf der Zeichnung **S.**.

4. Stellen Sie das Werkstück zum Sägen der Zapfenwangen aufrecht in die Zapfenschneidevorrichtung. Stellen Sie den Anschlag so ein, dass das Sägeblatt 3 mm abträgt. Spannen Sie das Werkstück fest an die Zapfenschneidevorrichtung. Sägen Sie zuerst eine Seite, drehen Sie dann das Brett an den Schmalseiten in Querrichtung, und sägen Sie die gegenüberliegende Seite **(Foto D)**. Wiederholen Sie den Vorgang auf der anderen Seite.

5. Entfernen Sie das Holz zwischen Zapfen und Werkstückkante auf der Tischkreissäge. Ich arbeite mit einem verschiebbaren Stoppklotz, damit sich der Verschnitt nicht zwischen Stoppklotz und Sägeblatt fängt **(Foto E)**.

SCHNEIDEN SIE DIE ZAPFENLÖCHER für die Keile mit einer Stemmmaschine. Stellen Sie den Anschlag so ein, dass das Zapfenloch im Zapfen zentriert ist. Justieren Sie den Stoppklotz so, dass es 16 mm vom Ende entfernt liegt. Danach schieben Sie den Stoppklotz 6 mm vom Stemmeisen weg und verlängern das Zapfenloch mit einem zweiten Schnitt.

ARBEITEN SIE mit der selbst gebauten Zapfenschneidevorrichtung, wenn Sie an Deckel und Boden an jeder Seite 3 mm abtragen, um die Zapfen auf die Stärke von 13 mm zu sägen. Befestigen Sie dabei das Werkstück mit Schraubzwingen.

MACHEN SIE DIE LETZTEN SCHNITTE am Zapfen auf der Tischkreissäge mit Ablängschlitten und verschiebbarem Stoppklotz.

Türen und vorderen Rahmen herstellen

Eine offene Schlitz- und Zapfenverbindung ist scheinbar einfach herzustellen und dennoch für Türen und Füllungen bei kleinen Schränken eine der besten Techniken. Glastüren sind komplizierter als Kassettentüren, da man die Glasscheibe erst nach dem Zusammenbau montiert. Wie bei allen Holzverbindungen müssen Sie darauf achten, dass das Material die richtige Stärke, Breite und Länge hat.

1. Die offene Schlitz- und Zapfenverbindung liegt außermittig, damit man leichter arbeiten kann und an der Rahmenrückseite mehr Platz zum Einbau der Scheibe und der Glasbefestigungsleisten verbleibt. Ihre Vorderseite ist 5 mm stark, die hintere Seite 6 mm (siehe Zeichnung auf S. 87). Verwenden Sie die auf S. 47 beschriebene Zapfenschneidevorrichtung oder eine gekaufte Vorrichtung. Mit einem Flachzahnsägeblatt erhalten Sie die beste Passung. Nachdem Sie in jedes Ende einen Schnitt ausgeführt haben, verschieben Sie die Zapfenschneidevorrichtung und verbreitern Sie den Schnitt auf die endgültige Breite von 6 mm **(Foto A)**. Man beachte, dass die Schnitttiefe am oberen Ende jeden Höhenfrieses 25 mm und am unteren Ende 44 mm beträgt.

2. Montieren Sie zum Sägen der Zapfenbrüstungen einen Stoppklotz an den Ablängschlitten, und stellen Sie für einen Schnitt, der an der Rückseite jedes Teils 27 mm vom Ende entfernt verlaufen soll, die Schnitttiefe auf 6 mm ein. (Man beachte, dass das Material für die Querfriese lang genug ist, um die Zapfen an den Querfriesen mit den Höhenfriesen bündig schneiden zu können.) Reduzieren Sie die Schnitthöhe auf 5 mm, und verschieben Sie den Stoppklotz für einen Schnitt, der 33 mm vom Materialende entfernt verläuft **(Foto B)**. Diese versetzten Schnitte erzeugen eine Zapfenbrüstung, die an der hinteren Seite 6 mm näher am Zapfe-

SÄGEN SIE die 6 mm lange Schlitzwand der offenen Schlitz- und Zapfenverbindung. Beginnen Sie mit dem unteren Ende aller Höhenfriese, reduzieren Sie dann die Schnitthöhe, und sägen Sie das obere Ende. Justieren Sie den Abstand zum Blatt, und verbreitern Sie den Schlitz auf 6 mm. Das kann mit einem 3-mm-Sägeblatt in zwei Schritten erfolgen. Die vordere Schlitzwand zeigt zur Außenseite.

SÄGEN SIE DIE QUERFRIESZAPFENBRÜSTUNGEN um 6 mm versetzt. Die längere Brüstung an der Rückseite füllt die Lücke, die durch den Falz für die Glasscheibe entsteht. Stellen Sie die Entfernung zum Querfriesende mit einem Stoppklotz ein.

TIPPS & TRICKS

Stellen Sie die Holzverbindungen probeweise aus Abfallholz her, und prüfen Sie die Passung, ehe Sie sie aus dem Projektmaterial sägen. Gleiten die Verbindungsteile nahezu ohne Kraftaufwand ineinander, ist die Passung in Ordnung. Fallen sie allein durch die Schwerkraft wieder auseinander, sollten Sie einen neuen Versuch starten.

nende liegt, wodurch der nach dem Sägen der Falze in die Höhenfriese entstandene Raum gefüllt wird.

3. Sägen Sie die Zapfenwangen mit der Zapfenschneidevorrichtung. Erhöhen Sie die Schnitthöhe so weit, dass das Blatt in die Brüstungsschnitte aus dem vorherigen Arbeitsgang schneidet **(Foto C)**. Vergessen Sie nicht, dass die kürzere Zapfenwange vorne liegt und 5 mm hinter der Materialoberfläche gesägt wird. Die längere Zapfenwange (die hintere) befindet sich 6 mm hinter der Materialoberfläche..

SÄGEN SIE DIE ZAPFENWANGEN mit der Zapfenschneidevorrichtung. Sägen Sie zunächst die Rückseite, erhöhen Sie dann die Schnitthöhe, verschieben Sie die Zapfenschneidevorrichtung, und sägen Sie die Vorderseite. Die fertigen Verbindungen im Bildvordergrund zeigen, wie die Teile zusammenpassen müssen.

STELLEN SIE DIE SCHNITTHÖHE auf 10 mm und den Anschlag auf 6 mm Breite ein. Achten Sie darauf, dass Sie an der Querfriesinnenkante und an der Rückseite sägen. Der erste Schnitt erfolgt bei flach auf dem Sägentisch liegendem Material. Dann stellen Sie den Anschlag auf 10 mm und die Schnitthöhe auf 6 mm ein und sägen den Falz bei hochkant stehendem Material fertig.

Detail Offene Schlitz- und Zapfenverbindung

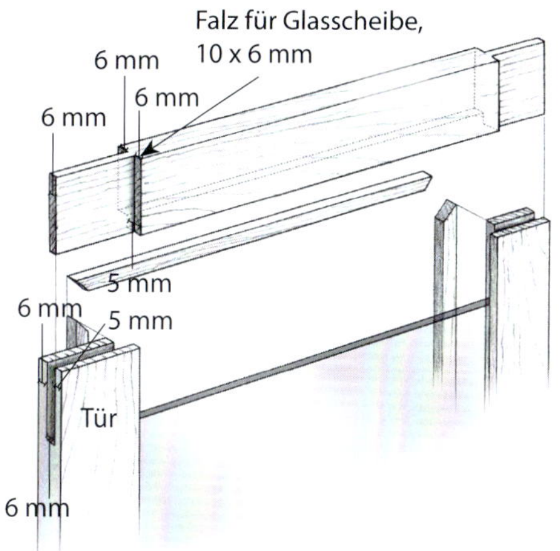

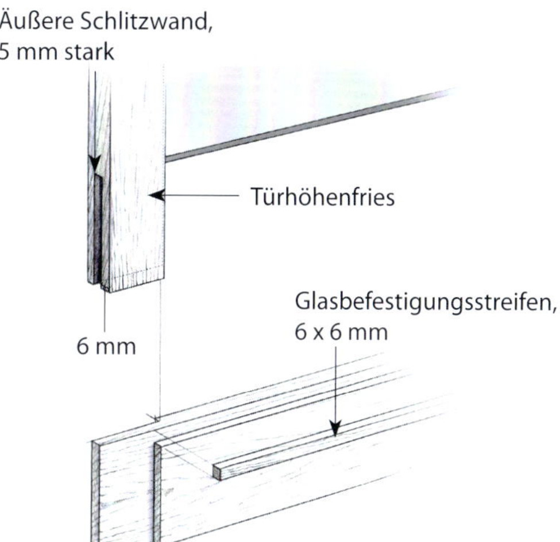

Falze für die Glasscheiben sägen

1. Sägen Sie die Falze für die Glasscheiben auf der Tischkreissäge mit dem Parallelanschlag. Stellen Sie das Sägeblatt so ein, dass ein 10 mm tiefer Schnitt 6 mm neben dem Anschlag erfolgt. Sägen Sie an der Rückseite des Querfrieses, und legen Sie dazu das Material flach auf den Sägentisch. Achten Sie darauf, dass die Querfriesinnenkante zum Anschlag zeigt. Behalten Sie stets den Überblick, welche Teile als Paar zusammengehören, damit linke und rechte Teile an den Innenkanten gesägt werden **(Foto D)**. Reduzieren Sie die Schnitthöhe auf 6 mm, und verschieben Sie den Anschlag zu einem 10 mm breiten Schnitt. Die Querfriesrückseite zeigt in Richtung Anschlag, die Materialinnenkante steht hochkant.

2. Sägen Sie den Zapfen unter Verwendung des Ablängschlittens auf die endgültige Höhe. Stellen Sie eine Schnitthöhe von 33 mm über dem Schlitten ein, und positionieren Sie den Stoppklotz für einen 6 mm breiten Schnitt. Bei diesem Schnitt müssen Sie jedes Werkstück fest einspannen **(Foto E)**.

3. Reduzieren Sie die Schnitthöhe auf 6 mm, und stellen Sie den verschiebbaren Stoppklotz für den letzten Schnitt auf 33 mm neben dem Querfriesende ein.

Fräsen und Zusammenbauen

Schleifen Sie vor dem Zusammenbau alle Innenkanten beider Türen und des vorderen Rahmens. Eine kleine Fase an den Stellen, an denen die Teile aneinanderstoßen sowie an den Innen- und Außenseiten des Türrahmens gibt dem Schrank ein interessantes Detail.

1. Arbeiten Sie auf dem Frästisch mit einem 45°-Fasefräser, und stellen Sie ihn auf 1,5 mm Höhe ein. Führen Sie die Außenseite der Innenkante aller Türkomponenten und Rahmenteile am Fräser entlang **(Foto F)**.

2. Fasen Sie die Kanten, an denen Höhen- und Querfriese aneinanderstoßen, mit einem 45°-Fräser ohne Anlaufring an **(Foto G)**.

3. Schleifen Sie die Kanten, ehe Sie für den Zusammenbau der Türen auf jeden Zapfen Leim und auf die Zapfenlochkanten etwas Leim auftragen. Der Leim verteilt sich, wenn die Teile fest zusammengezogen werden. Prüfen Sie die zusammengebauten Türen und den Rahmen mit einem Winkel auf Rechtwinkligkeit **(Foto H)**, und setzen Sie auf jede Ecke eine Schraubzwinge.

FRÄSEN SIE DIE INNENKANTEN aller Türkomponenten auf dem Frästisch mit einem 45°-Fräser an. Stellen Sie die Fräserhöhe auf 1,5 mm ein, und fräsen Sie zur Probe an einem Stück Abfallholz.

FASEN SIE DIE STELLEN AN, an denen Höhen- und Querfriese aneinanderstoßen. Arbeiten Sie auf dem Frästisch mit einem 45°-Ziernutfräser, und richten Sie den Anschlag so ein, dass die Fase mit der Vorderseitenkante fluchtet. Halten Sie das Werkstück mit einem Zuführlade im 90°-Winkel zum Anschlag.

ÜBERPRÜFEN SIE MIT DEM WINKELMASS, dass die Innenecken genau im 90°-Winkel sind. Setzen Sie dann auf jede Ecke eine Schraubzwinge, und spannen Sie die Verbindung fest zusammen.

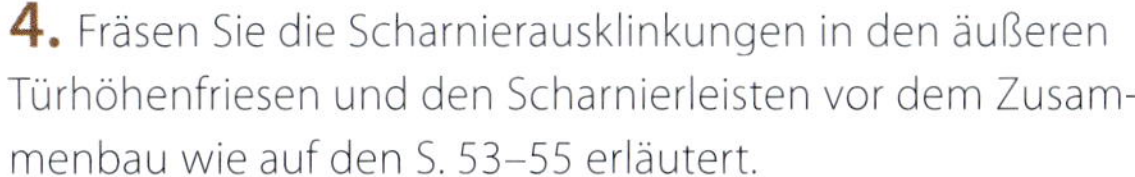

4. Fräsen Sie die Scharnierausklinkungen in den äußeren Türhöhenfriesen und den Scharnierleisten vor dem Zusammenbau wie auf den S. 53–55 erläutert.

5. Sie werden feststellen, dass man mit einem einfachen Schleifklotz die Kanten der montierten Türen besser angleichen kann. Stellen Sie das endgültige Profil der Türunterkanten her, indem Sie 13 mm ab Unterkante entlang der Innenkante messen und von der Außenkante auf diese Markierung zuschneiden. Fasen Sie zum Schluss die Außenkanten mit Ausnahme des oberen Rahmenquerfrieses an.

Deckel und Boden fertigstellen

Wir hatten den Deckel und den Boden rechtwinklig belassen, um präzise Bezugsflächen für die Holzverbindungen zu haben. Nachdem nun die Zapfen fertig sind, können wir die beiden Teile auf ihre endgültige Form und Abmessung sägen. Ich verwende einen verstellbaren Winkelmesser, um die Säge im richtigen Winkel einzustellen.

1. Legen Sie zum Messen des richtigen Neigungswinkels für das Tischkreissägeblatt beide Arme des Winkelmessers auf die Oberkante der Seitenwand **(Foto A)**. An meinen Seitenwänden beträgt der Winkel etwa 4°, prüfen Sie jedoch zur Sicherheit den Ihren. Beim Sägen und Herstellen der Holzverbindungen für die Seitenwände mag sich bei Ihrem Projekt ein etwas anderer Winkel ergeben haben.

MESSEN SIE DEN WINKEL an den Seitenwänden mit einem Winkelmesser oder einer Stellschmiege. Prüfen Sie jede Ecke, da nach dem Sägen mit der Bandsäge und dem Schneiden der Holzverbindungen kleinere Abweichungen entstanden sein könnten. Entscheiden Sie sich für den stimmigsten Winkel als Maß für die nächsten Schritte.

2. Stellen Sie die Tischkreissäge auf den von Ihnen gemessenen Winkel und die Schnitthöhe auf 22 mm ein. Stellen Sie den Anschlag so ein, dass oben am Schrank 11 mm Kante verbleiben und eine 6-mm-Kante entsteht, die als Anschlagkante für die Tür dient. Beim ersten Schnitt liegt das Werkstück hochkant am Anschlag an **(Foto B)**.

3. Reduzieren Sie die Schnitthöhe, und führen Sie den zweiten Schnitt bei flach auf dem Sägentisch liegender Deckelinnenseite aus. Senken Sie das Blatt so weit, und passen Sie den Anschlag so an, dass der Schnitt sich sauber mit dem vorherigen Schnitt trifft **(Foto C)**.

4. Sägen Sie als Nächstes den Boden passend. Von jeder Kante müssen Sie gleich viel in dem bereits bei den vorherigen Arbeitsgängen verwendeten Winkel absägen. Montieren Sie den Deckel und den Boden in die Seitenwände. Messen Sie vom tiefsten Punkt des Schnitts am Deckel zur Außenkante. Messen Sie von der Kante, an der der Boden auf die Seiten trifft, und reißen Sie die Schnittlinie auf jeder Seite so an, dass sie dem Maß am Deckel entspricht. Messen und markieren Sie auf der Bodenunterseite, wenn Sie ein nach links kippendes Sägeblatt haben. So können Sie die Markierung beim Einrichten der Säge besser sehen. Bei einem nach rechts kippenden Sägeblatt müssen Sie die Bodenoberseite messen und markieren. Vergessen Sie nicht, das Brett für den zweiten Schnitt an den Schmalseiten in Querrichtung (und nicht auf den Kopf) zu drehen, damit die Winkel in entgegengesetzte Richtungen kippen **(Foto D)**.

STELLEN SIE DAS TISCHKREISSÄGENBLATT auf den Winkel der Seitenwände ein. Sägen Sie 19 mm tief und 11 mm von der Oberkante entfernt. Sollte Ihre Säge wie meine nach links kippen, lehnen Sie bei diesem Schnitt die Deckelaußenseite gegen den Anschlag. Kippt sie nach rechts, lehnen Sie die Deckelinnenseite gegen den Anschlag.

REDUZIEREN SIE DIE SCHNITTHÖHE, und stellen Sie die Anschlagposition so ein, dass sich ein Schnitt von unten mit dem vorherigen schneidet. Fehler vermeidet man, wenn man den Schnitt in Abfallholz der Deckelstärke ausprobiert.

SÄGEN SIE DIE BODENKANTEN. Erhöhen Sie die Schnitthöhe, behalten Sie jedoch den Winkel bei. Sägen Sie von jeder Kante gleich viel ab.

Montagevorbereitung

Ich verwende den gleichen Winkelmesser und stelle ihn auf den Winkel aus den vorherigen Arbeitsgängen ein, um die Lochpositionen für die Bodenträger anzureißen.

1. Stellen Sie den Winkelmesser auf 4° (bzw. den von Ihnen gemessenen Wert) ein. Ziehen Sie im Abstand von 25 mm parallel zu Boden und Deckel verlaufende Linien. Beginnen Sie mit diesen Führungslinien 216 mm oberhalb der Seitenwandunterkante. Markieren Sie die Lochmitte 51 mm von der Kante entfernt **(Foto A)**.

2. Bohren Sie auf der Ständerbohrmaschine in beide Seitenwände 13 mm tiefe Löcher für die Bodenträger **(Foto B)**.

3. Reißen Sie das Unterkantenprofil der Seitenwände an. Machen Sie dazu 13 mm oberhalb der Mitte eine Markierung. Belassen Sie die Unterkante an beiden Ecken 51 mm gerade und verbinden Sie diese beiden Punkte mit der mittigen Markierung (siehe Zeichnung auf S. 82). Diese Kontur sorgt auf unebenen Flächen für einen stabilen Stand und wirkt auch optisch interessant. Sägen Sie das Profil auf der Bandsäge, und schleifen Sie die Bandsägenspuren glatt **(Foto C)**.

4. Befestigen Sie den Rahmen und die Scharnierleisten mit Flachdübeln Größe 0 an den Seitenwänden. Da die Holzverbindungen abweichende Winkel an den beiden Seiten verursacht haben können, richtet man einen Anschlag zur Führung des Flachdübelfräsers mit einer geraden Leiste aus. Bauen Sie nun den Schrank teilweise zusammen. Platzieren Sie die Leiste an der Innenkante des Deckelfalzes und gegen die hintere Schrägkante des Bodens. Spannen Sie dann eine Holzleiste entlang der Leistenkante **(Foto D)**.

REISSEN SIE DIE DIE PARALLEL zu Deckel und Boden liegenden Löcher für die Bodenträger mit einem auf den Winkel der Seitenwände eingestellten Winkelmesser an.

BOHREN SIE DIE LÖCHER für die Bodenträger auf der Ständerbohrmaschine. Ich stelle die Bohrtiefe auf 13 mm und den Anschlag so ein, dass die Bohrung 51 mm neben der Werkstückkante liegt. Ein Bohrer mit Zentrierspitze erleichtert das präzise Positionieren und Bohren der einzelnen Löcher.

SÄGEN SIE AN JEDER SEITENWAND das Unterkantenprofil von den Ecken in Richtung Mitte auf der Bandsäge.

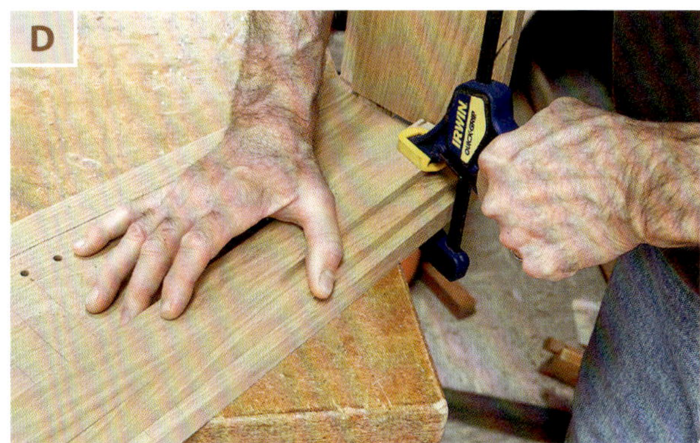

BEFESTIGEN SIE EINE FÜHRUNGSLEISTE für den Flachdübelfräser mit Zwingen an der Seitenwand. Platzieren Sie die Zwingen so, dass sie beim Fräsen nicht stören.

5. Reißen Sie die Positionen der Flachdübel an. Halten Sie dann die Grundplatte des Flachdübelfräsers flach gegen die Führungsleiste. Fräsen Sie die Flachdübelschlitze in die Seitenwände **(Foto E)**.

6. Reißen Sie die Lage der Flachdübel an den Rahmenseiten entsprechend den Positionen an den Seitenwänden an. Fräsen Sie dann an den markierten Positionen.

DRÜCKEN SIE DEN FLACHDÜBELFRÄSER fest gegen die Führungsleiste. Verwenden Sie dabei die Grundplatte des Flachdübelfräsers als Bezug. Es kann sein, dass Sie die Schraubzwingen versetzen müssen, um an den verschiedenen Stellen Platz für diesen Schnitt zu haben.

FRÄSEN SIE PASSENDE FLACHDÜBELSCHLITZE in die Rahmenhöhenfriese und in die Scharnierleisten.

Zusammenbau und Oberflächenbehandlung

Den Unterschied machen die Details. Fasen Sie die Kanten vor dem Schleifen mit einem 45°-Fräser an. Fasen Sie die Deckelkanten mit einem Hirnholzhobel an. Glätten Sie die Zapfenkanten mit dem Schleifklotz dort, wo sie über die Seitenwände hinausragen. Anschließend schleifen Sie alle Teile zunächst mit Schleifpapier Körnung 150 und dann mit feineren Körnungen bis hin zu Körnung 320. Wenn die Fasen scharfkantig bleiben sollen, arbeiten Sie am besten von Hand mit dem Schleifklotz. Schleifen Sie auch die Türen. Schneiden Sie die Glasbefestigungsleisten zu, passen Sie sie ein, und schleifen Sie sie.

1. Die Keile, die den Schrank zusammenhalten, fertigen Sie aus einem schräg gesägten 13 mm starken Stück Weißeiche. Lassen Sie den Schnitt von 19 auf 10 mm konisch zulaufen. Aus einem Rohling erhalten Sie zwei Keile **(Foto A)**.

2. Beginnen Sie den Zusammenbau, indem Sie eine Seitenwand mit den Keilen mit dem Boden und dem Deckel verbinden. Positionieren Sie dann den Rahmen mit den Flach-

SCHNEIDEN SIE KEILE aus 13 mm starkem Material zu. Das Rohlingsmaß beträgt 32 x 127 mm. Präzise zugeschnitten werden sie nach der Montage.

HALTEN SIE DIE TEILE an einer Seitenwand mit den Keilen zusammen, und richten Sie die andere Seite auf den Zapfen aus.

TRAGEN SIE ZUR SICHEREN BEFESTIGUNG des Rahmens zwischen Deckel und Rahmenoberkante mit einer Quetschflasche Leim auf.

dübeln. Setzen Sie zum Schluss bei eingesetzten Flachdübeln die zweite Seitenwand an ihren Platz **(Foto B)**.

3. Ehe Sie die zweite Seitenwand mit Keilen festziehen, rücken Sie den Rahmen etwas vom Deckel weg und tragen entlang der Oberkante etwas Leim auf. Spannen Sie ihn dann fest **(Foto C)**. Klopfen Sie die Keile fest, und lassen Sie den Leim trocknen. Ist der Leim trocken, können Sie die Keile anzeichnen, herausnehmen und fertig zuschneiden.

4. Bohren Sie Führungslöcher für die Drahtstifte zum Fixieren der Glasbefestigungsleisten. Ich verwende 13 mm lange Stifte mit 1 mm Durchmesser und spanne einen Stift zum Vorbohren in die Ständerbohrmaschine ein. Führungslöcher verhindern, dass das Holz splittert und die Nägel krumm werden **(Foto D)**.

5. Tragen Sie das Oberflächenmittel vor der Glasmontage auf. Ich verwende zwei Schichten Danish Oil. Überschüssiges Öl wische ich nach jeder Schicht mit einem trockenen Lappen weg, ehe es zu zäh wird **(Foto E)**.

TIPPS & TRICKS

Manchmal findet man keine Beschläge im richtigen Format oder geeigneten Design für einen Schrank dieser Größe, der zudem so eindeutig einer bestimmten Stilrichtung zuzuordnen ist. Ich habe diese gehämmerten Griffe bei einem Spezialversandhändler für Holzhandwerkerbedarf bestellt.

BOHREN SIE FÜHRUNGSLÖCHER in die Glasbefestigungsleisten, ehe Sie sie festnageln.

TRAGEN SIE DIE ERSTE SCHICHT Danish Oil mit einem Pinsel auf, damit es in alle Holzverbindungen und Ecken hineingelangt. Legen Sie einen trockenen Lappen bereit, um überschüssiges Öl zu verteilen und wegzuwischen.

FIXIEREN SIE DIE GLASBEFESTIGUNGSLEISTEN mit 13 mm langen Drahtstiften. Decken Sie das Glas mit Karton ab, damit es nicht verkratzt.

6. Klopfen Sie die Drahtstifte ein. Decken Sie das Glas zum Schutz mit dünnem Karton ab (**Foto F**).

7. Richten Sie die beiden Griffe auf den mittleren Türhöhenfriesen gleich weit von der Oberkante aus (**Foto G**).

MONTIEREN SIE DIE BESCHLÄGE. Für diesen Griff benötigen Sie zwei Bohrerstärken. Das erste Loch hat einen Durchmesser von 6 mm und ist 6 mm tief. Danach bohren Sie mit einem 5-mm-Bohrer durch. Befestigen Sie die Griffe mit den mitgelieferten Nägeln an der Griffunterkante.

Eine zeitgenössische Variante

Mich interessiert, wie Formen miteinander interagieren. Ich habe Holz in zwei Stücke gesägt und zur Kante hin konisch zugeschnitten. Dann habe ich die Teile wieder miteinander verleimt und schräg zugeschnitten, sodass die Teile nach oben hin hinsichtlich Ihrer Materialstärke konisch zulaufen. Wo Deckel und Seitenwände aneinanderstoßen, verwende ich zur Betonung der sich schneidenden Winkel an der Verbindungsstelle eine gegehrte Holzverbindung mit Flachdübeln. Rechts sehen Sie das Ergebnis, eine klassische Form, modern interpretiert mit klarer, zeitgenössischer Linienführung.

1. Schneiden Sie das Material für die Seitenwände und den Deckel aus dicken Walnussholzbrettern zu. Ich habe wegen der beidseitig abzutragenden Materialmenge 31 mm starkes Holz verwendet. Im Fladerschnitt gesägtes Material mit Kathedralen-Maserung sorgt für ein interessantes Holzbild. Sägen Sie das Material auf der Bandsäge in der Mitte längs durch. Hobeln Sie es dann auf einheitliche Stärke, und sägen Sie es auf gleiche Breite, wobei Sie überschüssiges Holz eher von der Brettaußenseite als von der Innenseite abnehmen, an der die Bretter miteinander verbunden werden sollen.

2. Schrägen Sie das Material an. Bauen Sie sich dazu für die Hobelmaschine einen Unterlegschlitten, der das Holz schräg abstützt. Hobeln Sie in mehreren Arbeitsschritten, und tragen Sie nur auf einer Seite Material ab. Auf **Foto A** können Sie sehen, dass Holzleisten am Unterlegschlitten dafür sorgen, dass eine Materialseite höher liegt als die andere.

SCHRÄGEN SIE DIE KANTE mit Hilfe eines selbst gebauten Unterlegschlittens für den Hobeltisch an. Eine Brettseite liegt auf dem Schlitten höher als die andere. Vergrößern Sie die Schnitttiefe allmählich von Schnitt zu Schnitt.

3. Eventuell müssen Sie die Werkstücke zueinander verschieben, um die Holzmaserung perfekt auszurichten. Ist die Ausrichtung gefunden, reißen Sie die Positionen der Flachdübel zum Verbinden der Seiten miteinander und des Deckels an die Seiten an **(Foto B)**.

4. Fräsen Sie die Schlitze für die Flachdübel mit dem Flachdübelfräser in die schmale Kante jeder Seite. Tragen Sie Leim auf, und spannen Sie die beiden Hälften mit Schraubzwingen zusammen.

5. Neigen Sie das Kreissägeblatt zum Sägen der Oberkante beider Seitenwände und beider Deckelenden auf 45° **(Foto C)**. Schrägen Sie dann die Seitenwände an, und sägen Sie den Deckel an jeder Seite in gleichem Umfang ab, sodass er zu den Abmessungen des Deckels passt.

6. Fräsen Sie die Flachdübelschlitze bei auf 45° eingestelltem Anschlag in die beiden Seitenwandoberkanten und in den Deckel **(Foto D)**.

7. Aufgrund der Anschrägung in den Seitenwänden können Sie zum Bohren der Löcher für die Bodenträger nicht mit der Ständerbohrmaschine arbeiten. Bauen Sie sich eine Bohrschablone mit 25 mm Lochabstand. Befestigen Sie die Schablone mit Zwingen an der jeweiligen Seitenwand, und bohren Sie von Hand. Damit die Löcher fluchten, drehen Sie das Brett zum Bohren der anderen Seite auf den Kopf. Ich habe einen 6-mm-Bohrer verwendet und begrenze die Bohrtiefe mit einem Holzdübel auf 13 mm **(Foto E)**.

VERSCHIEBEN Sie die Teile ggf. leicht zueinander, um das optimale Maserbild zu erhalten. Reißen Sie dann an, wo die Kanten aufeinandertreffen und wo die Flachdübel liegen.

SÄGEN SIE DEN DECKEL und die Seitenwandoberkanten auf der Tischkreissäge im 45°-Winkel.

FRÄSEN SIE DIE FLACHDÜBELSCHLITZE im 45°-Winkel in die Seitenwandoberkanten und in den Deckel.

BOHREN SIE DIE LÖCHER für die Bodenträger mit einer selbst gebauten Bohrschablone.

Schränkchen im Stil der Gebrüder Greene

Charles und Henry Greene waren kalifornische Architekten, die in der ersten Hälfte des 20. Jh. Architektur und Möbeldesign prägten. Ihre Arbeiten im Stil der Arts-and-Crafts-Bewegung haben auch heute noch nachhaltigen Einfluss auf die Welt des Designs. Typisch für die Greenes sind große Fingerzinken zur Stabilisierung von Eckverbindungen an Möbelkorpussen und kontrastfarbene, quadratische Ebenholzdübel zur Stabilisierung von offenen Schlitz- und Zapfenverbindungen an Türen und Füllungen. Ihr wohldurchdachter Umgang mit sichtbaren Holzverbindungen ist nur ein Grund dafür, dass ihr Stil nichts an Beliebtheit eingebüßt hat.

Dieses Schränkchen soll keine Kopie eines Stückes der Gebrüder Greene sein. Vielmehr möchte ich herausfinden, was mich an ihrem Design und an ihren Techniken so interessiert. Das Äußere des Schankes weist Elemente ihres Stils auf, doch das Schrankinnere ist offen für Interpretation. Nur geringfügige Änderungen sind erforderlich, und man kann die verschiedensten Dinge darin unterbringen. Die kraftvollen Gestaltungselemente legen nahe, dass der Schrank für einen Mann gedacht ist, etwa als Krawatten- oder Werkzeugschrank.

Schränkchen im Stil der Gebrüder Greene

Bei diesem Schrank sind die seitlichen Holzverbindungen sichtbar. Wie bei vorherigen Projekten kommen bei den Türen offene Schlitz- und Zapfenverbindungen zum Einsatz, doch dieses Mal befindet sich der Schlitz in den Querfriesen, was dem Schrank eine andere Optik verleiht. Statt Türfüllungen habe ich mit Nut und Feder verbundene Latten verwendet.

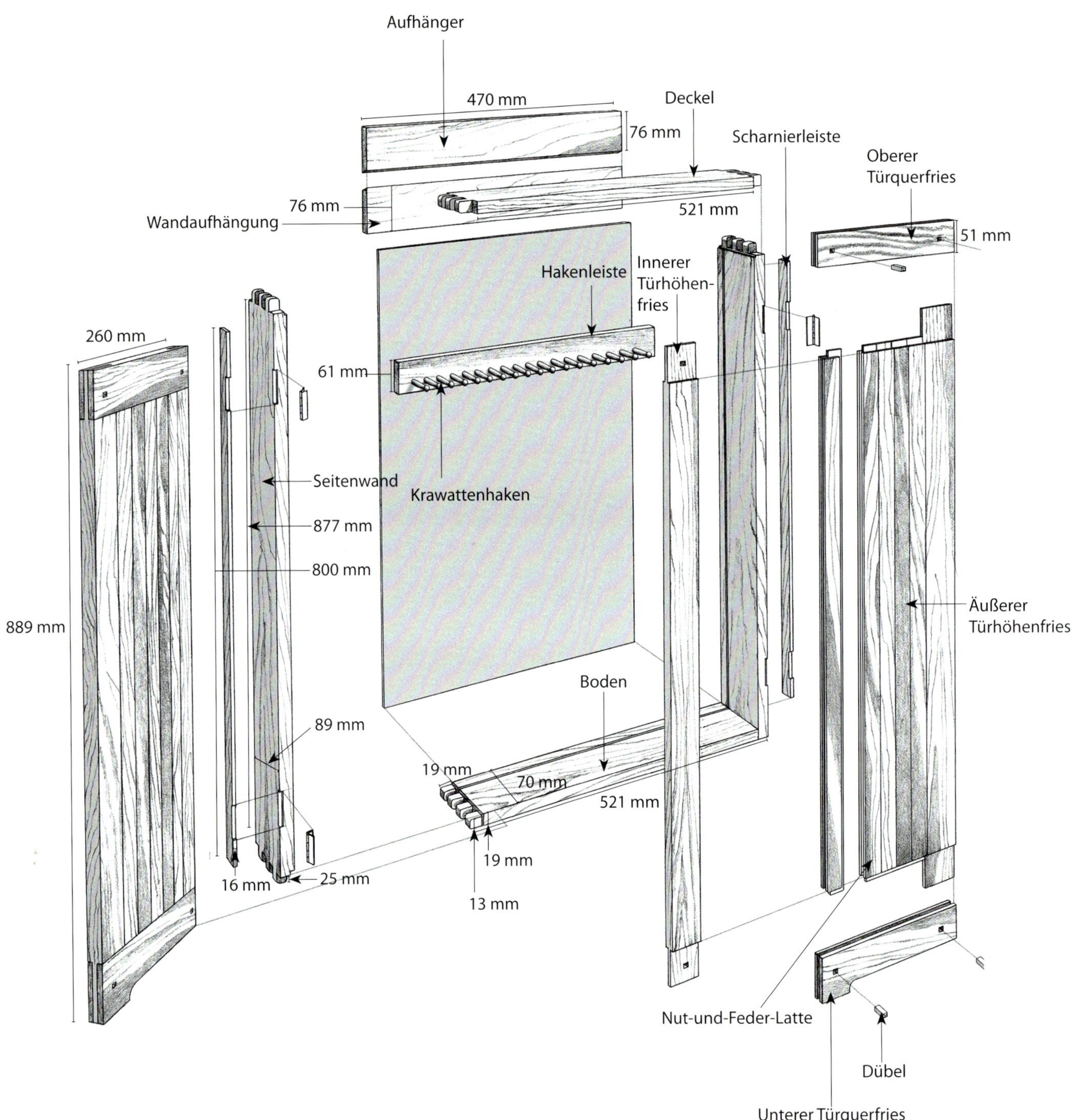

Innen ist die Schrankhöhe so ausgelegt, dass eine halbe Krawattenlänge hineinpasst und oben und unten etwas Spiel ist. In der Tiefe von Vorderkante zu Rückwand können handelsübliche Krawattenhaken eingebaut werden. An den Türen kann man zusätzliche Messinghaken für Cowboy- oder Schnürsenkelkrawatten oder andere Dinge anbringen. Die Werkzeugschrank-Variante habe ich 51 mm breiter und 25 mm tiefer gemacht. Den Innenraum gestalte ich passend zu meinen vorhandenen Werkzeugen, fertige aber auch variable Einlegeböden, sodass ich die verschiedensten Werkzeuge flexibel unterbringen kann. Stimmen Sie das Innendesign auf Ihre eigenen Werkzeuge ab.

Sie benötigen eine Fingerzinkenvorrichtung für die 13 x 13 mm großen Fingerzinken, die lang genug sein müssen, um mit der Handoberfräse gefräst zu werden und auf der Schrankaußenseite sichtbar sein zu können. Bei den Gebrüdern Greene waren Fingerzinken in der Regel quadratisch und sanft gerundet und ragten über die Seiten hinaus. Ich habe mich für 13 x 13 mm große Fingerzinken entschieden und nicht für solche in voller Materialstärke, da ich so mehr Fingerzinken an die Ecken setzen konnte. Durch die Ausbildung einer Falzverbindung an jeder Ecke konnte ich die Nuten für die Rückwand mit der Tischkreissäge sägen.

Materialliste Schränkchen im Stil der Gebrüder Greene

Anzahl	Bezeichnung	Abmessung	Bemerkung
2	Seitenwände	19 x 89 x 877 mm	Ulme
2	Deckel und Boden	19 x 89 x 521 mm	Ulme
2	Scharnierleisten	6 x 16 x 800 mm	Ulme
2	Leisten für Wandaufhängung und Aufhänger	16 x 64 x 470 mm	Ulme
1	Rückwand	6 x 483 x 838 mm	Sperrholz aus baltischer Birke
2	Obere Türquerfriese	22 x 51 x 260 mm	Ulme
2	Untere Türquerfriese	22 x 64 x 260 mm	Ulme
2	Äußere Türhöhenfriese	19 x 51 x 889 mm	Ulme
2	Innere Türhöhenfriese	19 x 44 x 889 mm	Ulme
8	Türlatten (Nut-und-Feder)	19 x 38 x 784 mm	Ulme
2	Türlatten (Feder-und-Feder)	19 x 44 x 784 mm	Ulme
8	Dübel	6 x 6 x 17 mm Walnuss	
2	Satz Messingscharniere	51 x 35 mm	ACE® Nr. 529920
2	Hakenleisten	13 x 61 x 470 mm	Laubholz oder Sperrholz aus baltischer Birke
17	Krawattenhaken	5 mm Durchmesser x 10 mm Zapfen, Gesamtlänge 61 mm	Rockler® Nr. 21980
2	Holzschrauben	2,8 mm Durchmesser x 32 mm lang	

Fingerzinkenvorrichtung

Um Fingerzinken mit der Tischkreissäge zu sägen, baue ich einen Ablängschlitten mit einer einfachen Anlage. Den Führungsklotz befestige ich an der Anlage und an der Schlittenplatte. Solche Vorrichtungen sind schnell und einfach zu machen und können passend für unterschiedlichste Schnitte auf der Tischkreissäge konstruiert werden.

1. Schneiden Sie die Schlittenplatte je nach Säge und Projekt zu. Die abgebildete ist 610 x 610 mm groß. Sägen Sie dann für die Anlage eine 19 m breite und 10 mm tiefe Nut. Am besten baut man die Anlage und die Laubholz-Kufen im selben Arbeitsgang. Machen Sie die Anlage hoch genug, damit das Werkstück gut anliegt und Sie es bequem halten können. Die Anlage in der Zeichnung hat eine Gesamthöhe von 102 mm. Hobeln Sie das Material für die Anlage so, dass es exakt in die Nut in der Schlittenplatte hineinpasst.

2. Stellen Sie aus Laubholz Kufen her, die in die Führungsschlitze der Tischkreissäge passen. Zunächst hobele ich Ahornholz auf erforderliche Stärke und säge dann 10 mm breite Streifen. Schneiden Sie zwei Stücke in der Länge des Sperrholzschlittens, gemessen von der Vorder- zur Hinterkante, zu **(Foto A)**.

Fingerzinkenvorrichtung

Fingerzinkenvorrichtungen mit Schlittenplatte sind schnell herzustellen und für unterschiedlich große Verbindungen geeignet. Die angegebenen Maße gelten für das beschriebene Projekt. Sie können Ihre eigene Vorrichtung in jedweder Größe auf Ihre Säge und Ihr Projekt abstimmen.

IN DIESE FINGERZINKENVORRICHTUNG werden passend zu den Führungsschlitzen des Gehrungsanschlags der Tischkreissäge zwei Kufen zugeschnitten. In der Nut der Sperrholzschlittenplatte steckt ein Stück Laubholz.

Die hier gezeigten Nutsägeblätter sind in Deutschland von den Berufsgenossenschaften nicht zugelassen. In die meisten gängigen Tischkreissägen passen sie auch nicht. Alternativ können Sie das gezeigte Ergebnis mit einer Frässchablone und einem Frästisch erreichen. Eine solche selbstgebaute Vorrichtung wie auch eine kommerzielle Variante finden Sie im „Handbuch Oberfräse" von Guido Henn ausführlich beschrieben.

Ebenfalls möglich ist die Erstellung der Nuten mit einer gewöhnlichen Tischkreissäge oder auch traditionell mit Handwerkzeugen. Beide Methoden liefern aber nicht so exakte Ergebnisse wie die Vorrichtungen.

Wenn Sie Nutsägeblätter einsetzen wollen, achten Sie darauf, dass ihre Tischkreissäge für deren Einsatz geeignet ist und dass das verwendete Nutsägenblatt spandickenbegrenzt nach DIN EN 847-1 ist.

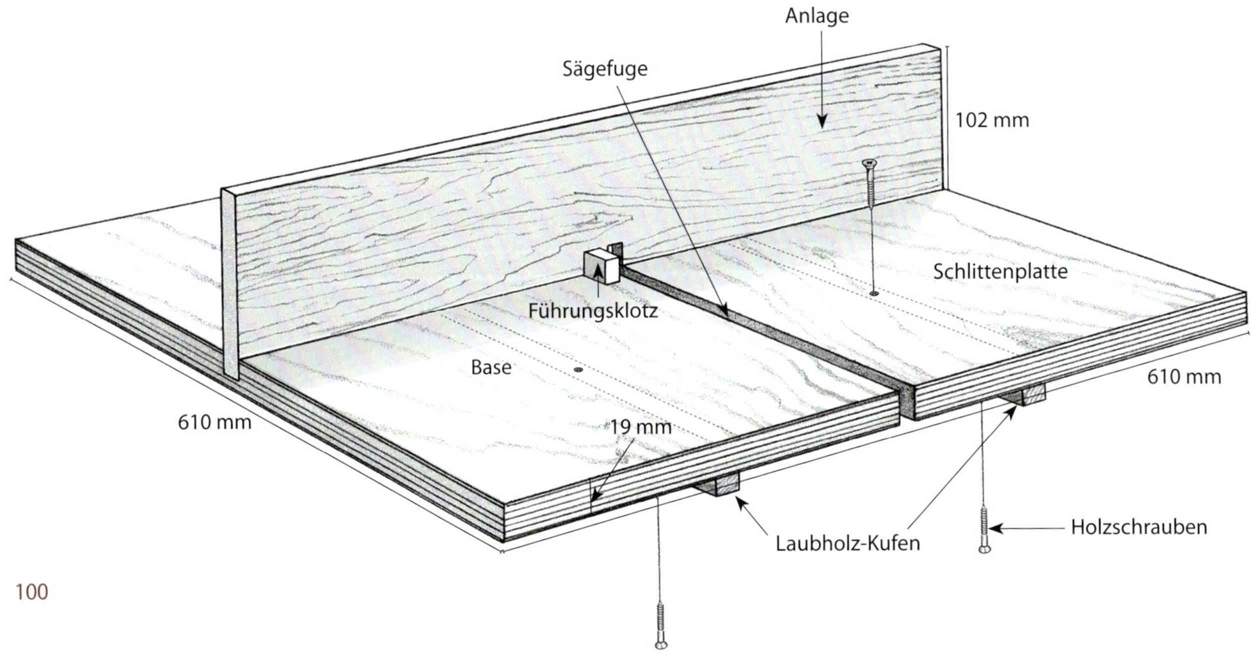

RICHTEN SIE DIE MITTE der Sperrholzschlittenplatte mit dem Sägenblatt aus, legen Sie ein Stück Leiste in den Schlitz der Tischkreissäge, und übertragen Sie ihre Position.

SCHRAUBEN SIE DIE KUFE unter den Schlitten. Richten Sie die Kufe mithilfe eines Winkelmaßes im 90°-Winkel zur Vorderkante der Schlittenplatte aus.

3. Zentrieren Sie die Schlittenplatte auf der Tischkreissäge über dem Sägeblatt. Legen Sie die Kufe in den linken Führungsschlitz, und markieren Sie ihre Position auf der Schlittenkante (Foto B).

4. Richten Sie die Kufe mithilfe eines Winkelmaßes auf der linken Seite mit den Anrissen auf der Sperrholzvorderkante winklig aus. Schrauben Sie dann die erste Schraube mit einem Versenkbohrer ein. Richten Sie die Kufen stets mit dem Winkelmaß aus, wenn Sie vorsichtig die nächsten Löcher bohren und die Schrauben einschrauben. Ich verwende 25 mm lange Spax-Schrauben, die auf der anderen Seite nicht herauskommen (Foto C).

5. Legen Sie die zweite Kufe in den Schlitz des Gehrungsanschlags, drehen Sie die Schlittenplatte um, und platzieren Sie dann die befestigte Kufe im anderen Schlitz. Bohren Sie Führungslöcher durch das Sperrholz in die zweite Kufe, und schrauben Sie sie mit 25-mm-Schrauben fest (Foto D). Nun sollte der Schlitten mit geringem Widerstand nach vorne und hinten, nicht jedoch seitlich verschiebbar sein.

6. Platzieren Sie die Anlage in der Nut der Schlittenplatte, und stellen Sie ein Nutsägeblatt auf eine Nutbreite von 13 mm ein. (Der Schlitten ist für 13 mm breite Fingerzinken gedacht.) Stellen Sie die Schnitthöhe auf etwa 38 mm über dem Sägentisch ein, und sägen Sie in den Schlitten hinein. Hören Sie zu sägen auf, wenn das Blatt durch die Anlage hindurchschneidet (Foto E).

7. Hobeln Sie das Holz für die Führungsleiste auf die Größe des Schnitts in der Anlage zu. Schieben Sie dann die Anlage so weit nach rechts, bis das Material genau zwischen Führungsleiste und Schnitt in der Schlittenplattenfläche passt.

SCHRAUBEN SIE DIE ZWEITE KUFE von oben fest, während sich die andere Kufe in ihrem Führungsschlitz befindet.

MACHEN SIE DEN ERSTEN SCHNITT bei etwa 38 mm Schnitthöhe mit einem auf 13 mm Breite eingerichteten Nutsägeblatt.

Bitte beachten Sie zu den Nutsägeblättern unseren Gefahren-Hinweis auf Seite 100.

SÄGEN SIE EINE GENAU in den Schnitt des Nutsägeblatts passende Führungsleiste. Schieben Sie die Anlage exakt 13 mm nach rechts. Richten Sie die Anlage mittels eines Abschnitts des Führungsleistenmaterials mit der linken Kante der mit dem Nutsägeblatt hergestellten Sägefuge aus.

Sie stellen besser durch Tasten als nur mit bloßem Auge fest, ob der Abstand für einen perfekten Schnitt richtig eingestellt ist (**Foto F**). Machen Sie einen Probeschnitt. Sind die Fingerzinken zu lose, korrigieren Sie die Passung, indem Sie die Anlage minimal nach rechts klopfen. Ist die Passung zu fest, klopfen Sie sie minimal nach links.

8. Sind Sie mit der Passung zufrieden, schrauben Sie die Anlage von unten durch den Schlitten fest. Decken Sie aus Sicherheitsgründen die Stelle, an der das Sägeblatt auf der Rückseite aus der Anlage heraustritt, mit einem Stück Holz ab, damit Sie daran denken, nicht mit den Fingern ins Sägeblatt zu greifen.

Seitenwände und Deckel herstellen

Hobeln Sie zuerst das Material für die Seitenwände und den Deckel auf 19 mm Stärke. Richten Sie dann die Kanten ab, und sägen Sie die Teile auf Breite und Länge.

1. Stellen Sie das Material an den Führungsklotz, machen Sie den ersten Schnitt, und heben Sie es bei jedem Folgeschnitt über den Klotz (**Foto A**).

TIPPS & TRICKS

Wenn Sie ein 6 mm starkes Sperrholzbrett auf die Vorderseite der Anlage spannen, können Sie unterschiedlich hohe Schnitte ausführen, ohne dass es auf der Rückseite des Schnitts zu Faserausrissen kommt. Sägen Sie in das Sperrholz eine Aussparung für den Klotz, und verwenden Sie für jede neue Schnitthöhe ein neues Sperrholzbrett.

SÄGEN SIE DIE FINGERZINKEN am Deckel und am Boden. Wenn Sie den ersten Schnitt ausführen, ruht das Material am Führungsklotz. Heben Sie es nach jedem Schnitt über den Klotz.

BRINGEN SIE DAS WERKSTÜCK beim ersten Schnitt mit einem Übungsstück als Abstandhalter in Position. Führen Sie die Folgeschnitte ohne den Abstandhalter aus.

SÄGEN SIE DIE FALZBRÜSTUNG auf den Innenflächen von Deckel, Boden und Seitenwänden. Ein Tischkreissägenablängschlitten und ein Stoppklotz gewährleisten gleiche Schnitte.

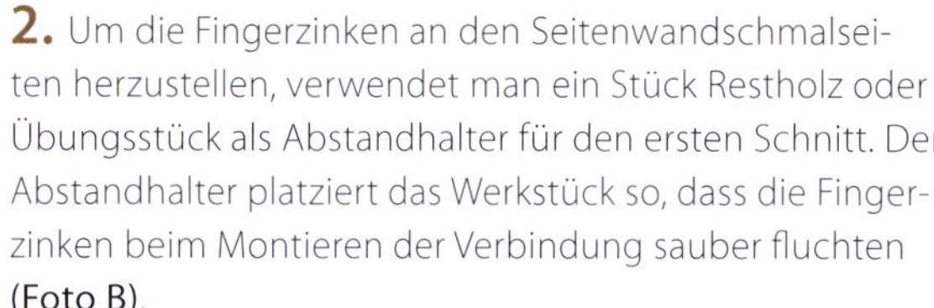

2. Um die Fingerzinken an den Seitenwandschmalseiten herzustellen, verwendet man ein Stück Restholz oder Übungsstück als Abstandhalter für den ersten Schnitt. Der Abstandhalter platziert das Werkstück so, dass die Fingerzinken beim Montieren der Verbindung sauber fluchten (**Foto B**).

3. Ein Falz an den Schmalseiten sorgt dafür, dass die 19 mm langen Fingerzinken auf der Schrankaußenseite 6 mm weit herausragen. Sägen Sie die Falzbrüstung mit einem Tischkreissägenablängschlitten, und verwenden Sie einen Stoppklotz. Stellen Sie die Schnitthöhe auf 6 mm ein.

Die Brüstungsschnitte an den Deckel- und Bodenbrettern erfolgen 19 mm neben der Materialkante (**Foto C**). Schieben Sie für den Falz an den Seiten, wo die Brüstung 25 mm von der Materialkante entfernt liegt, den Stoppklotz 6 mm vom Sägeblatt weg.

4. Sägen Sie die Falze mit der Zapfenschneidevorrichtung an der Tischkreissäge fertig. Der Abstand zwischen der Vorderseite der Vorrichtung und dem Sägeblatt beträgt 13 mm. Für die Seitenwände stellen Sie die Schnitthöhe auf 25 mm ein (**Foto D**). Verringern Sie die Schnitthöhe um 6 mm, wenn Sie die Falze an Deckel und Boden sägen. Die fertigen Teile sollten wie die in Foto E aussehen.

STELLEN SIE DIE GEFÄLZTE VERBINDUNG mithilfe der Zapfenschneidevorrichtung der Tischkreissäge fertig. Der Schnitt für den Falz erfolgt in der Höhe der Fingerzinken an Deckel und Boden sowie in der Höhe der Materialstärke an den Seitenwänden, sodass 19 mm lange 13 x 13 mm große Fingerzinken entstehen.

5. Fräsen Sie die Stirnseiten der Fingerzinken mit einem 3-mm-Abrundfräser auf dem Handoberfräsentisch. Sie werden feststellen, dass es am besten funktioniert, wenn man zwei Teile rechts auf rechts zusammenspannt, sodass auf dem Handoberfräsentisch eine größere Auflagefläche zur Verfügung steht. Man kann sie so auch leichter ausbalancieren und führen (**Foto F**).

6. Sägen Sie die Nut in Deckel, Boden und Seitenwände für die Rückwand mit einem auf 6 mm Schnitthöhe eingestellten 6-mm-Nutsägeblatt oder mit einem normalen 3-mm-Sägeblatt in zwei Durchgängen passend zur Stärke der Rückwand aus Sperrholz aus baltischer Birke. Ein Vorteil der Falze an den Teilen besteht darin, dass man das Material mit dem Tischkreissägenblatt in 6 mm Höhe sägen kann, ohne die Fingerzinken zu beschädigen.

7. Leimen Sie außen auf beide Seitenwände eine Scharnierleiste, damit die Türen beim Aufschwenken nicht an die Fingerzinken stoßen.

VERRUNDEN SIE DIE STIRNSEITEN der Fingerzinken auf einem Handoberfräsentisch mit einem 3-mm-Abrundfräser. Spannen Sie Seitenwände sowie Deckel und Boden paarweise zusammen, so geht das Fräsen leichter.

Türen herstellen

An den Türecken verwende ich wie bei den vorherigen Projekten offene Schlitz- und Zapfenverbindungen. Sie werden feststellen, dass ich die Schlitze und Zapfen im vorliegenden Fall umgekehrt als in den anderen Projekten anordne, d.h. die Schlitze liegen diesmal nicht auf den Höhenfriesen.

1. Nachdem Sie die Türteile auf Breite und Länge zugeschnitten haben, sägen Sie die Schlitze in die Enden der Querfriese mit einer Zapfenschneidevorrichtung (siehe S. 47). Die hintere (nach innen zeigende) Schlitzwand ist jeweils 6 mm breit. Ehe Sie die Zapfen sägen, prüfen Sie mit einer Schieblehre, ob die Schlitzbreite exakt 6 mm beträgt (**Foto A**).

2. Sägen Sie die Zapfenbrüstungen an der Tür mit dem Tischkreissägenschlitten 6 mm tief. Die oberen Zapfenbrüstungen liegen 51 mm, die unteren 64 mm von der Materialkante entfernt.

3. Sägen Sie die Zapfenwangen mit einer Zapfenschneidevorrichtung (**Foto B**). Stets liegt die Innenseite an der Vorrichtung an.

NACHDEM SIE DEN SCHLITZ mit einer Zapfenschneidevorrichtung in den Querfries gesägt haben, messen Sie nach, ob er exakt 6 mm breit ist.

SÄGEN SIE DIE ZAPFEN an den Höhenfriesen: Sägen Sie zuerst auf der einen, dann auf der anderen Materialseite. Immer liegt die Innenseite an der Vorrichtung an.

SÄGEN SIE DIE ZAPFEN AUF BREITE, halten Sie dabei die Innenkante der Höhenfriese gegen die Zapfenschneidevorrichtung. Dieser Schnitt verläuft 6 mm neben der Werkstückkante.

SÄGEN SIE DIE KURZE BRÜSTUNG auf der Tischkreissäge mit Ablängschlitten. Der verschiebbare Stoppklotz wird zur Seite geschoben, wodurch verhindert wird, dass der Verschnitt rattert.

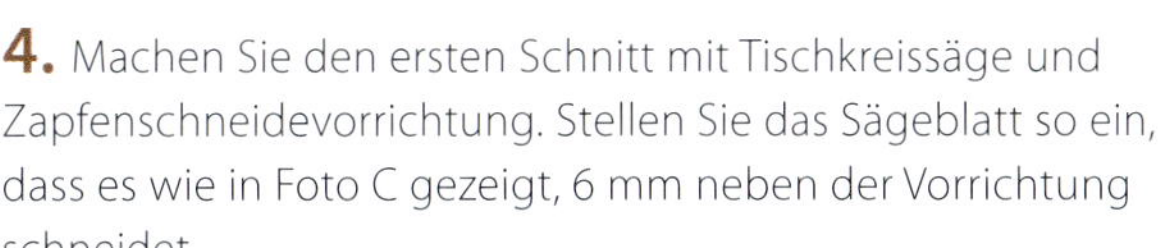

4. Machen Sie den ersten Schnitt mit Tischkreissäge und Zapfenschneidevorrichtung. Stellen Sie das Sägeblatt so ein, dass es wie in Foto C gezeigt, 6 mm neben der Vorrichtung schneidet.

5. Für die abschließenden Brüstungsschnitte verwenden Sie den Ablängschlitten und den verschiebbaren Stoppklotz (Foto D).

Türdetail

Der Trick bei unterschiedlich starken Höhen- und Querfriesen besteht darin, konsequent zu sein. Machen Sie alle rückseitigen Schnitte an den Rahmenteilen, ehe Sie irgendwelche Veränderungen der Einstellungen für die Schnitte auf der Vorderseite vornehmen.

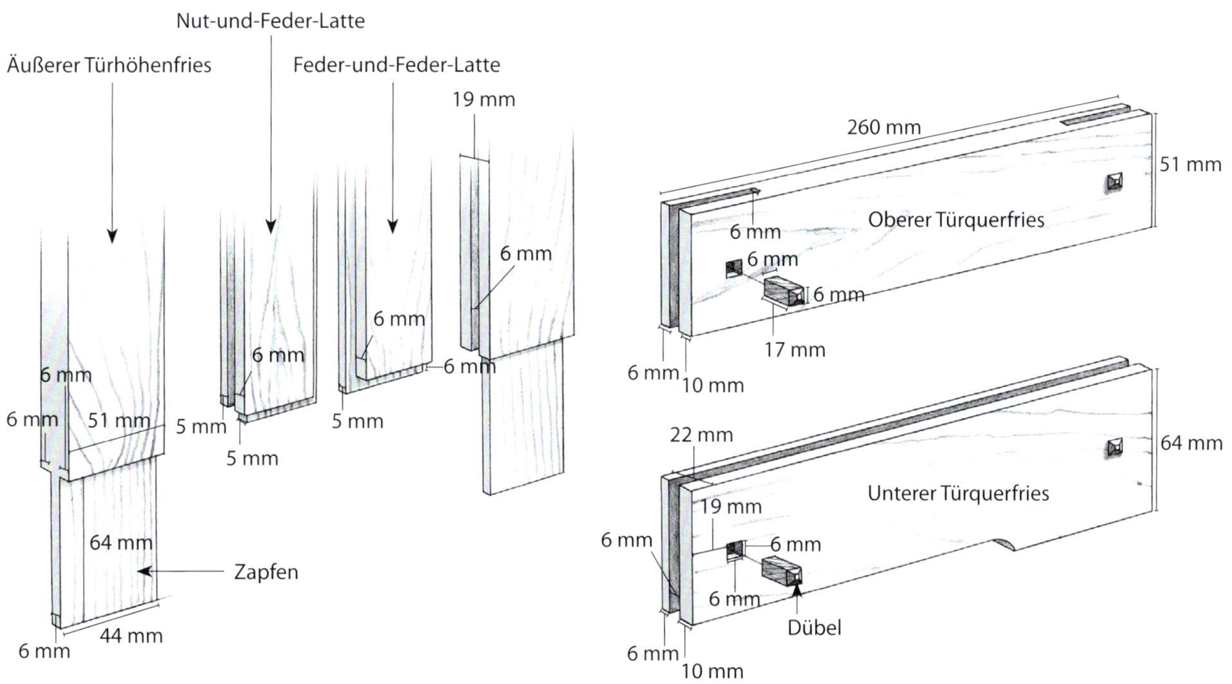

Nuten sägen und Latten herstellen

HALTEN SIE DAS WERKSTÜCK hochkant (mit der Innenkante nach unten), und sägen Sie die Nuten in die Türrahmenteile. Halten Sie die Innenseite (Rückseite) der Höhen- und Querfriese gegen den Anschlag.

1. Hobeln Sie das Material für die Latten auf 19 mm Stärke. Sägen Sie es auf der Tischkreissäge auf einheitliche Breite. Man beachte, dass die Feder-und-Feder-Latten 6 mm breiter sind als die Nut-und-Feder-Latten, da sie auf beiden Seiten eine Feder haben.

2. Sägen Sie die 5 mm breiten Nuten in die Türhöhen- und Türquerfriese. Diesen Schnitt können Sie mit einem 5-mm-Nutsägeblatt oder einem normalen 3-mm-Sägeblatt ausführen und den Anschlag um 1,5 mm verschieben, um den Schnitt zu verbreitern. Stellen Sie die Schnitthöhe auf 6 mm ein. Halten Sie bei sämtlichen Schnitten die Innenseite (Rückseite) der Höhen- und Querfriese gegen den Anschlag **(Foto E)**. Verwenden Sie ein normales Sägeblatt, machen Sie den ersten Schnitt an allen Teilen, einschließlich der Nuten in den Latten, ehe Sie die Einstellungen zum Verbreitern der Sägefuge auf 5 mm verändern.

3. Sägen Sie die Nuten an den Nut-und-Feder-Latten mit den gleichen Einstellungen wie die Nuten der Türinnenteile.

Akkurate Holzverbindungen an Türen

Die Holzverbindungen müssen sehr akkurat gearbeitet werden, damit die Türen im rechten Winkel sitzen und gerade bleiben. Zuerst sägen Sie das gesamte Material auf die erforderliche Stärke. Dann sägen Sie alle Teile der gleichen Sorte mit Tischkreissägenschlitten und Stoppklotz auf gleiche Länge.

Bei diesem Projekt sind die Querfriese stärker (22 mm) als die Höhenfriese (19 mm). Es ist aber überhaupt kein Problem, mit unterschiedlichen Maßen eine gerade Tür hinzubekommen. Wichtig ist vor allem eine gerade Rückwand, die sich hinten eben an den Schrank anschmiegt. Um das zu erreichen, muss man konsequent sein, und es muss dieselbe Materialseite an der Vorrichtung anliegen. Markieren Sie das Material, damit Sie die Übersicht behalten.

Bei der fertigen Verbindung müssen die inneren Schlitzwände durchweg 6 mm stark sein. Die Schlitze und die Zapfen sind ebenfalls 6 mm stark. Die vorderen Schlitzwände, die sich bei diesem Projekt auf den Querfriesen befinden, sind 10 mm stark.

Auch bei den 5 mm breiten und 6 mm tiefen Nuten, die die Latten halten, müssen Sie konsequent die Innenseite (Rückseite) des Werkstücks gegen den Anschlag führen. Dann fluchten die Nuten alle miteinander und es macht nichts, wenn Ihre Schnitte nicht ganz und gar mittig sind. Halten Sie die Innenfläche gegen den Anschlag und machen an Höhen- und Querfriesen den ersten Schnitt, ehe Sie den Anschlag verstellen. Mit einem Nutsägeblatt können Sie die Nut in einem Durchgang sägen.

NACHDEM SIE AUF EINER SEITE der Latten die Nut gesägt haben, stellen Sie den Anschlag der Tischkreissäge für die 5 mm breiten und 6 mm tiefen Federn ein. Bei den ersten beiden Schnitten hält man das Werkstück hochkant, bei den nächsten beiden liegt es flach auf dem Sägentisch.

VERRUNDEN SIE DIE KANTEN der Nut-und-Feder-Teile mit einem 6-mm-Abrundfräser. Fräsen Sie die genutete Kante mit der Tischoberfläche bündig, und stellen Sie zum Fräsen der Seite mit der Feder den Fräser 6 mm oberhalb der Oberfläche ein.

4. Sägen Sie die Federn auf der anderen Materialseite. Für jede Feder sind vier Schnitte erforderlich. Bei den ersten beiden Schnitten steht das Holz hochkant, und die Schnitthöhe entspricht der Nuthöhe. Bei den nächsten beiden Schnitten liegt das Holz flach auf dem Sägetisch. Der Anschlag ist so eingestellt, dass der Schnitt 6 mm breit wird. Orientieren Sie sich hinsichtlich der Schnitthöhe an den soeben gesägten Sägefugen (Foto F).

5. Bearbeiten Sie die Kanten der Nut-und-Feder-Teile mithilfe eines 3-mm-Abrundfräsers im Handoberfräsentisch. Stellen Sie den Fräser so hoch ein, sodass der Schnitt mit der Unterkante der flachen Werkstückseite fluchtet. Dann stellen Sie den Fräser tiefer ein, sodass er bündig mit dem Handoberfräsentisch fräst (Foto G).

6. Längen Sie das Nut-und-Feder-Material mit dem Ablängschlitten der Tischkreissäge ab. Mit dem Stoppklotz begrenzt man die Schnittlänge.

7. Sägen Sie die kurzen Zapfen an den beiden Lattenenden auf der Tischkreissäge mit Stoppklotz. Stellen Sie die Schnitthöhe entsprechend der Höhe der Feder ein, und begrenzen Sie die Federlänge mithilfe des Stoppklotzes auf 6 mm. Beim ersten Schnitt halten Sie das Material gegen den Stoppklotz. Danach ziehen Sie es 3 mm weg, um das restliche überschüssige Holz zu entfernen (Foto H).

SÄGEN SIE DIE ZAPFEN am Werkstückende mit Ablängschlitten und Stoppklotz. Stellen Sie die Schnitthöhe entsprechend der Nuthöhe und den Abstand zwischen Stoppklotz und Schnittaußenkante auf 6 mm ein.

Türen fräsen und zusammenbauen

8. Fräsen Sie die Türunterkanten mit einem im Handoberfräsentisch montierten 32-mm-Nutfräser. Begrenzen Sie den Weg der Teile auf dem Tisch mit Stoppklötzen, stoppen Sie wie in **Foto I** abgebildet, kurz vor den Enden. Stellen Sie den Fräser für diesen Arbeitsgang schrittweise höher ein, und tragen Sie jeweils nur eine geringe Holzmenge ab. Belassen Sie wie abgebildet eine Kante als Anlage gegen den Anschlag. Entfernen Sie sie mit einer Raspel. Alternativ können Sie das Profil mit der Bandsäge sägen.

9. Verrunden Sie die Querfrieskanten mit einem 3-mm Abrundfräser.

10. Um die Nut-und-Feder-Türen zusammenzubauen, richten Sie die Nut-und-Feder-Teile mit dem mittigen Feder-und-Feder-Teil aus. Setzen Sie die Höhenfriese an Ihren Platz. Geben Sie Leim auf die Zapfen, und schieben Sie die Querfriese ein. Bringen Sie mit C-Zwingen von außen Druck auf jede Holzverbindung. Zwischen Zwinge und Holz gelegte Holzplättchen verteilen den Pressdruck und verhindern Beschädigungen am Holz. Achten Sie beim Zusammenbau auf Rechtwinkligkeit.

FRÄSEN SIE DIE UNTERKANTE der unteren Querfriese mit einem im Handoberfräsentisch montierten 32-mm-Nutfräser. Begrenzen Sie den Weg der Teile auf dem Tisch mit Stoppklötzen, und stellen Sie den Fräser schrittweise bis zu seiner vollen Höhe ein. Lassen Sie etwas Holz stehen, damit das Werkstück sicher am Anschlag anliegt. Die verbliebene Kante kann man mit einer Raspel entfernen.

Schrankkorpus zusammenbauen

Ehe Sie die Ausklinkungen für die Scharniere fräsen, wird der Schrankkorpus zusammengebaut. Legen Sie jede Menge Zwingen in der richtigen Länge bereit. Spritzen Sie mit einer Spritzflasche mit Spitztülle Leim zwischen die Fingerzinken der Holzverbindung.

1. Sägen Sie die Rückwand mit der Tischkreissäge zurecht (Foto A). Schleifen Sie dann glatt. Sorgen Sie dafür, dass die Kanten leicht in die Aufnahmenut im Deckel, im Boden und in den Seitenwänden passen. Schleifen Sie die Kanten ggf. nach, damit Sie sie nicht mit Gewalt hineinpressen müssen.

SÄGEN SIE DIE RÜCKWAND aus 6 mm starkem Sperrholz aus baltischer Birke.

GEBEN SIE BEIM ZUSAMMENDRÜCKEN DER TEILE mit einer Spritzflasche Leim auf die Innenflächen der Fingerzinken. Nehmen Sie nicht zu viel Leim, damit er nicht heraustritt und weggewischt werden muss. Bei einer festen Passung genügt eine geringe Leimmenge.

2. Um die Schrankecken sauber zu verleimen, setze ich die Holzverbindungen nur teilweise zusammen und verteile dann nur auf den Innenflächen der Verbindungen mit einer Spritzflasche Leim **(Fotos B, C)**.

3. Ziehen Sie alle Ecken mit Zwingen fest **(Foto D)**. Achten Sie dabei auf Rechtwinkligkeit, und lassen Sie den Leim vollständig trocknen.

STABZWINGEN HALTEN Deckel, Boden und Seitenwände fest zusammen, während der Leim trocknet. Prüfen Sie mit einem Winkel nach, ob Sie rechtwinklig montiert haben, ehe Sie den Korpus trocknen lassen.

Scharniere anbringen und Türen einpassen

Die Scharnierausklinkungen kann man auf verschiedene Weise herstellen. Man kann von Hand arbeiten, wie auf den Seiten 19–22 erläutert, oder mit einer Frässchablone, wie auf den Seiten 53–55.

1. Stellen Sie für die Ausklinkung eine passende Schablone her **(Foto A)**, und fräsen Sie sie mit einem Fräser mit obenliegendem Kugellager.

2. Die Kanten, an denen die offene Schlitz- und Zapfenverbindung überlappt oder heraussteht, können Sie mit der Tischkreissäge bündig schneiden (siehe S. 53), oder Sie verwenden einen Fräser mit obenliegendem kugelgelagertem Anlaufring. Damit habe ich auch die Scharnierausklinkung gefräst. Das Kugellager läuft an der Kante entlang, während überschüssiges Holz entfernt wird **(Foto B)**.

MIT EINER SCHABLONE lässt sich eine Scharnierausklinkung in den Seitenwänden und Türen einfach fräsen

MIT DEMSELBEN NUTFRÄSER mit obenliegendem kugelgelagertem Anlaufring, mit dem man die Scharnierausklinkung gefräst hat, kann man auch den an der Türaußenseite herausstehenden Zapfen bündig schneiden. Auch den unteren Querfries bearbeitet man mit diesem Fräser sicherer.

TIPPS & TRICKS

Messen Sie die Stärke des Scharniers stets sehr sorgfältig, damit die Ausklinkung die richtige Tiefe erhält. Andernfalls kann die Tür klemmen. Falls dem so ist, müssen Sie die Tiefe der Ausklinkung anpassen, indem Sie sie nacharbeiten oder mit einem Furnier bzw. dünnem Karton unterlegen.

Türen verstiften

Verbindungen mit Ebenholzdübeln sind ein unverkennbares Gestaltungselement der Gebrüder Greene. Da Ebenholz sehr teuer ist und ich gerne einheimische Hölzer verarbeite, ersetze ich es durch geschwärztes Walnussholz.

1. Stemmen Sie in den Türecken mittig auf den Querfriesen 6 x 6 mm große Löcher. Befestigen Sie die Tür stabil mit einer Zwinge, und stellen Sie die Stemmlochtiefe nur auf halbe Materialstärke ein **(Foto A)**. Auf diese Weise haben Sie besser unter Kontrolle, wie weit der Dübel außen heraussteht. Sie können die Dübellöcher auch von Hand herstellen.

STEMMEN SIE DIE QUADRATISCHEN Dübellöcher mit einer Stemmmaschine mit 6-mm-Stemmeisen.

Dazu entfernen Sie das überschüssige Holz mit einem etwas zu kleinen Bohrer und formen das Loch mit einem Stemmeisen quadratisch aus.

2. Sägen Sie das Walnussholz passend zu den Dübellöchern in den Türen zu. Längen Sie die Teile dann mit einem Ablängschlitten auf der Tischkreissäge ab. Mit einem verschiebbaren Stoppklotz verhindere ich, dass sich die Teile fangen, und mit dem Radiergummi am Bleistiftende sorge ich während des Schnitts für zusätzlichen Halt. Praktisch ist der Radierer auch, um das Werkstück für den nächsten Schnitt vom Anschlag wegzuschieben **(Foto B)**.

3. Schleifen Sie alle vier Kanten am Dübelende an.

4. Behandeln Sie die Walnussdübel mit einer Lösung aus einer Tasse Speiseessig und einem teilweise darin aufgelösten Stahlwollepad Sorte Nr. 0000. Streichen Sie die Flüssigkeit mit dem Pinsel auf die Walnussdübel, und lassen Sie sie trocknen. Durch zweimaliges Auftragen erzeugen Sie ein tiefes Schwarz. Lassen Sie die Rückseite unbehandelt, damit der Leim gut haftet.

5. Geben Sie einen Tropfen Leim in die Dübellöcher, und schlagen Sie die Dübel mit einer Holzzulage, die ein Beschädigen der Dübelvorderfläche verhindert, ein **(Foto C)**.

SÄGEN **Sie die 6 x 6 mm großen Dübel auf der Tischkreissäge. Die Enden fase ich an allen vier Seiten mit der Bandschleifmaschine an, ehe ich die Dübel auf Fertiglänge säge.**

SCHLAGEN SIE DIE DÜBEL **mit einem kleinen Hammer ein. Ein Holzklötzchen aus Hartholz dient dabei zum Schutz der angefasten Stirnseite.**

Hakenleiste einbauen

GEBEN SIE IN JEDES LOCH **einen Tropfen Leim, und schlagen Sie die Krawattenhaken mit einem leichten Hammer ein.**

Ehe Sie die Hakenleiste für die Krawatten einbauen, fertigen Sie, wie auf S. 53 beschrieben, passende Wandaufhängeleisten an. Die eine Leiste wird auf die Schrankrückwand geleimt, die andere schraubt man an die Wand. Beide Leisten werden aus einem einzigen, im 35°-Winkel gesägten Holzstück gefertigt. Befestigen Sie die eine Leiste mit Zwingen und Leim. Um den Pressdruck zu verteilen, lege ich auf der Innenseite mehrere Holzplättchen und auf der Rückseite einen Holzklotz unter.

1. Stellen Sie die Hakenleiste aus einem Stück Ulme her, und bohren Sie die Löcher für die Krawattenhaken im Abstand von 25 mm. Hobeln Sie das Holz auf 13 mm Stärke, und fräsen Sie eine Kante mit einem 3-mm-Abrundfräser.

2. Bohren Sie die 10 mm tiefen 5-mm-Löcher für die Haken auf der Ständerbohrmaschine.

3. Geben Sie in jedes Loch einen Tropfen Leim, und schlagen Sie die Haken mit einem Polsterhammer ein **(Foto A)**.

4. Sind alle Haken eingeschlagen, befestigen Sie die Hakenleiste mit Zwingen an der Schrankinnenseite. Bohren Sie von hinten Schraublöcher vor, versenken Sie sie, und schrauben Sie 32-mm-Schrauben ein **(Foto B)**.

5. Schleifen Sie nun alle bisher noch nicht geschliffenen Teile, und tragen Sie das Oberflächenmittel Ihrer Wahl auf. Ich verwende das anwenderfreundliche Danish Oil. Montieren Sie die Scharniere und einen Anschlag mit Magnetverschlüssen (siehe S. 55), und fertig ist Ihr Krawattenschrank.

WENN SIE DIE HAKENLEISTE mit Zwingen befestigen, legen Sie Holzklötze dazwischen, um auf die erforderliche Tiefe zu kommen. Schrauben Sie die Hakenleiste mit 32-mm-Schrauben durch die rückwärtige Aufhängeleiste fest.

Werkzeugschrank-Variante

Die Werkzeugschrank-Variante wird in der gleichen Weise gebaut, jedoch ist sie 25 mm tiefer und 51 mm breiter, um Werkzeug besser darin unterbringen zu können. Wegen der größeren Tiefe kann ich Anreiss- und Messwerkzeuge auf den Türen aufhängen, darüber hinaus ist Platz für ein vertikales Fach für Rückensägen. Bei meinem ursprünglichen Entwurf hatte ich meinen Stanley®-Hobel Nr. 7 vergessen, für den in der Breite gut einige Zentimeter mehr erforderlich gewesen wären. Dies erwies sich als eine Herausforderung meiner Kreativität: Ich habe einen schrägen Einlegeboden für den 7er-Hobel gebaut, und der Raum darunter ist genau richtig für meinen 5er-Hobel.

1. Legen Sie für die Innenraumaufteilung die Werkzeuge so hin, wie sie später untergebracht werden sollen. Auf **Foto A** sehen Sie, wie ich messe, in welchem Winkel ich die Säge einstellen muss, um den Einlegeboden für den 7er-Hobel zu sägen.

2. Der erste Schrägschnitt erfolgt auf der Tischkreissäge mit Zapfenschneidevorrichtung **(Foto B)**. Beim zweiten Schnitt am anderen Ende des Einlegebodens neigt man die Säge im selben Winkel, verwendet jedoch den Gehrungsanschlag.

3. Sacklochschrauben sind ideal zur Befestigung von Einlegeböden und Abtrennungen im Schrankinneren. Sie sind rasch eingeschraubt und lassen sich bei einer Umgestaltung des Innenraums leicht wieder entfernen. Bohren Sie die Löcher in die Einlegeböden und Abtrennungen mittels einer Bohrlehre. Befestigen Sie provisorisch mit Zwingen Holzklötze, wenn Sie die Innenteile ausrichten und die Sacklochschrauben einschrauben **(Foto C)**.

4. Stellen Sie für die Bohrlöcher zur Aufnahme verstellbarer Einlegeböden eine Bohrlehre und einen Bohrtiefenanschlag für die Bohrmaschine her. Befestigen Sie die Bohrlehre mit Zwingen, und bohren Sie die Löcher passend zu den Bodenträgern. Ich plane die Fächer für verschiedenste kleinere Hobel und Streichmaße, daher ist es wichtig, den Abstand zwischen den Einlegeböden frei wählen zu können **(Foto D)**.

LEGEN SIE ZUR PLANUNG der Innenraumaufteilung die Werkzeuge so hin, wie sie später untergebracht werden sollen. Da meine Raubank länger ist als die Schrankbreite, mache ich ein schräges Einlegebrett, für das ich den richtigen Winkel mit einem Winkelmesser bestimme.

HALTEN SIE DAS WERKSTÜCK bei den schrägen Schnitten auf der Tischkreissäge in einer Zapfenschneidevorrichtung. Winkel unter 45° sägt man dagegen am besten mit dem Gehrungsanschlag.

VERWENDEN SIE EINE BOHRLEHRE, um die beidseitigen Lochreihen für verstellbare Einlegeböden in bestimmten Schrankbereichen akkurat anordnen zu können.

SACKLOCHSCHRAUBEN verbinden den schrägen Einlegeboden mit den Seitenwänden. Ein mit einer Schraubzwinge an der Seitenwand befestigter Holzklotz fixiert den Boden beim Einschrauben der Schrauben.

Marmeladenschrank

Dieser Marmeladenschrank geht auf ein Modell zurück, das ich vor vielen Jahren für einen Kunden gebaut habe. Die Aufbewahrung von Konfitüren und Gelees stellt für einen kleinen Schrank wie diesen eine traditionelle Verwendung dar. Sie können ihn natürlich auch verwenden, um darin Wein, Geschirr oder andere Haushaltsgegenstände aufzubewahren.

Die Konstruktionstechniken sind relativ einfach. Die Bretter, aus denen die Seitenwände, die Front und die Rückwand bestehen, habe ich mit Flachdübeln miteinander verbunden. Nut- und Federverbindungen finden sich am Boden, am festen Einlegeboden und am Deckel. Die Türrahmen weisen offene Schlitz- und Zapfenverbindungen auf. Als Kontrast zum umgebenden Kirschholz habe ich die Türfüllungen aus Ahorn hergestellt.

Der Schrank besteht aus sieben größeren Baugruppen: den Seitenwänden, der Rückwand, der Front, dem Boden, den Einlegeböden und dem Deckel. Zuwerst stelle ich die Seitenwände, die Front und die Rückwand her, dann schneide ich die Teile für den Boden, den festen Einlegeboden und den Deckel zu. Diese Vorgehensweise ermöglicht es, die tatsächlichen Abmessungen bei der Arbeit immer wieder zu überprüfen und für eine perfekte Passung ggf. notwendige Anpassungen vorzunehmen.

Marmeladenschrank

Dieser Schrank sieht kompliziert aus, seine Korpusteile werden jedoch von einfachen Flachdübelverbindungen zusammengehalten. Beschriften Sie alle Teile sorgfältig, damit Sie sie während der Konstruktion und dem Zusammenbau auseinanderhalten können.

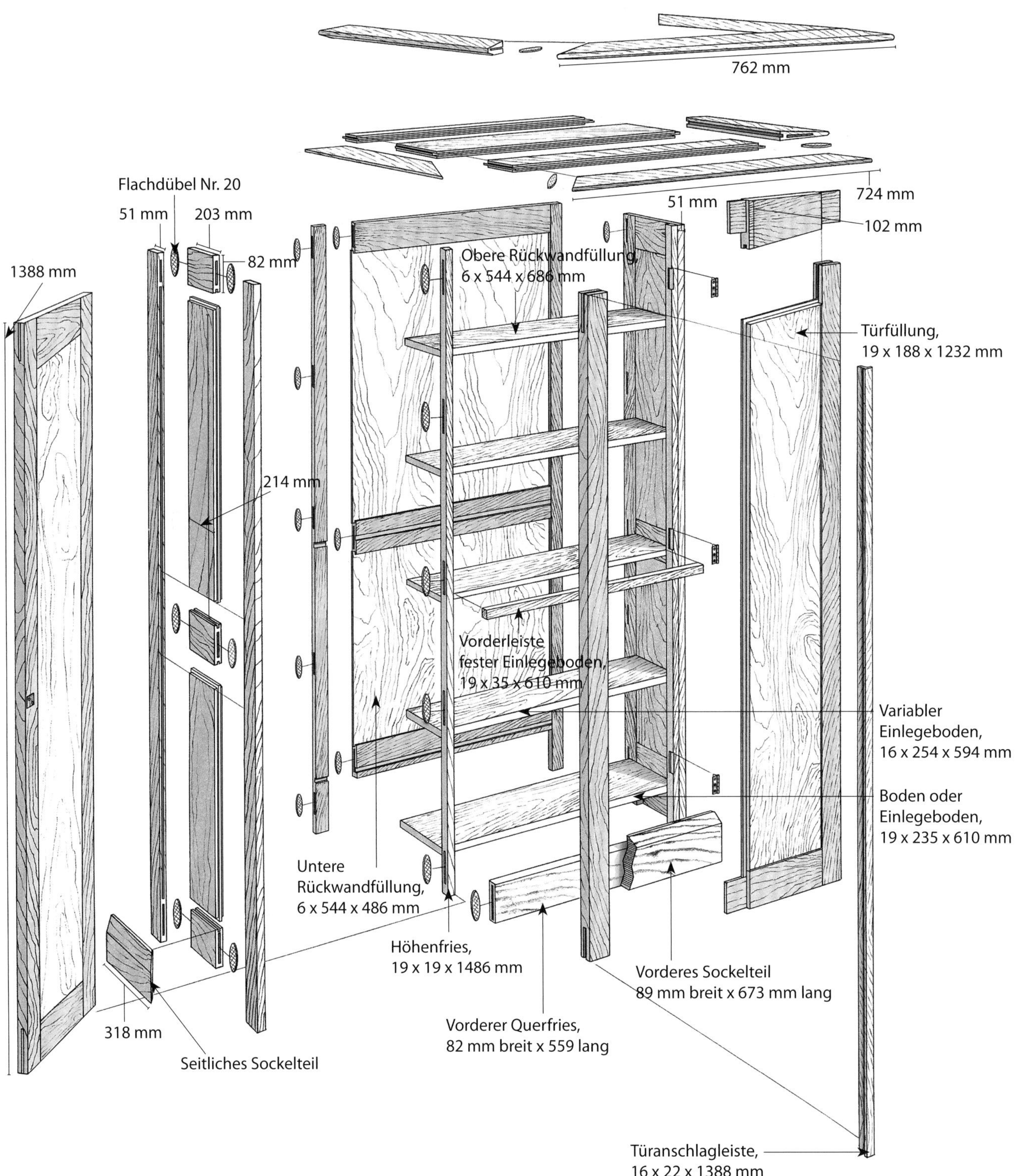

Materialliste Marmeladenschrank

Anzahl	Bezeichnung	Abmessung	Bemerkung
Korpusteile			
4	Seitenwandhöhenfriese	19 x 51 x 1486 mm	Kirsche
6	Seitenwandquerfriese	19 x 82 x 203 mm	Kirsche
2	Untere Seitenwandfüllungen	19 x 214 x 497 mm	Kirsche
2	Obere Seitenwandfüllungen	19 x 214 x 686 mm	Kirsche
2	Rückwandhöhenfriese	19 x 31 x 1486 mm	Kirsche
3	Rückwandquerfriese	19 x 82 x 533 mm	Kirsche
1	Untere Rückwandfüllung	6 x 544 x 486 mm	Sperrholz aus baltischer Birke
1	Obere Rückwandfüllung	6 x 544 x 686 mm	Sperrholz aus baltischer Birke
2	Höhenfriese	19 x 19 x 1486 mm	Kirsche
1	Vorderer Querfries	19 x 82 x 559 mm	Kirsche
Deckel			
1	Deckelvorderseite	19 x 64 x 648 mm	Kirsche
1	Deckelrückseite	19 x 57 x 648 mm	Kirsche
1	Deckelfüllung	19 x 235 x 610 mm	Kirsche
Boden und Einlegeböden			
2	Boden- oder Einlegebodenvorderleiste	19 x 35 x 610 mm	Kirsche
2	Boden- oder Einlegebodenfüllung	19 x 235 x 610 mm	Kirsche
3	Variable Einlegeböden	16 x 254 x 594 mm	Kirsche
Türen			
4	Türhöhenfriese	19 x 51 x 1388 mm Kirsche	
2	Obere Türquerfriese	19 x 108* x 279 mm	Kirsche
2	Untere Türquerfriese	19 x 82 x 279 mm	Kirsche
2	Türfüllungen	19 x 188 x 1232 mm**	Ahorn
1	Türanschlagleiste	16 x 22 x 1388 mm	Kirsche
Formteile			
2	Kranzleistenseiten (untere)	22 x 44 x 349 mm	Kirsche
1	Kranzleistenfront (untere)	22 x 44 x 724 mm	Kirsche
2	Kranzleistenseiten (obere)	22 x 44 x 372 mm	Kirsche
1	Kranzleistenfront (obere)	22 x 44 x 762 mm	Kirsche
2	Sockelseiten	17 x 89 x 318 mm	Kirsche
1	Sockelfront	17 x 89 x 673 mm	Kirsche

*Vorläufige Breite; wird nach dem Formen der Zapfen auf endgültige Breite geschnitten. **Vorläufige Länge; der Winkel an der Oberseite wird gemäß Probeverbauung der Tür angerissen und geschnitten.

Materialliste Marmeladenschrank (Fortsetzung)

Anzahl	Bezeichnung	Abmessung	Bemerkung
Sonstiges Material			
2	Türgriffe	28 mm Durchmesser	Beschlaghandel
3	Satz Möbelscharniere mit Zierkopf	50 x 30 mm (geöffnete Breite)	Baumarkt oder Beschlaghandel
34	Flachdübel	Nr. 20	für die Korpusteile
4	Flachdübel	Nr. 0	für die Kranzleistenteile
12	Bodenträger	6 mm	Woodcraft® Nr. 27/16
13	Holzschrauben	3,5 mm x 30 mm	Stahl

Umgang mit mehreren vormontierten Baugruppen

Je umfangreicher die Projekte werden, vor allem wenn sie aus Massivholz bestehen, desto komplizierter werden sie. Massivholzseitenwände sind bei einem sehr kleinen Schrank gut geeignet, bei einem größeren Schrank ist jedoch eine aus Rahmen und Füllung zusammengesetzte Baugruppe besser in der Lage, das trocknungsbedingte Schwinden und Ausdehnen des Holzes zu kompensieren.

Die zur Herstellung dieses Schranks erforderlichen Fähigkeiten übersteigen die Kenntnisse eines Nicht-Profis nicht, doch die aus großer Teilevielfalt und unterschiedlichen Dimensionen resultierende Komplexität kann schon entmutigen. So viele Teile zu handhaben und unter Kontrolle zu behalten, erfordert eine Strategie. Die sorgfältige Kennzeichnung der Teile ist ein erster Schritt, noch wichtiger ist es jedoch, immer nur eine Art Teile zur gleichen Zeit zu produzieren.

Die Erfahrung lehrt, dass man beim Holzwerken nach den tatsächlichen Messergebnissen arbeiten muss und nicht nach denen aus der Schnittliste oder aus einem Plan. Auf diese Art kann man während des Arbeitsfortschritts Korrekturen vornehmen. Obwohl ich also bei diesem Projekt eine Schnittliste anbiete, kann es durch die Art, wie Sie messen oder sägen, zu kleinen Abweichungen kommen, die einen großen Einfluss auf die Passung der Teile zueinander haben können.

Arbeiten Sie in Paketen, stellen Sie zusammengehörige Baugruppen her. Bauen Sie etwa den Rahmen für die Seitenwände und prüfen Sie dann zur Sicherheit die Abmessungen der Füllungen, um ggf. Anpassungen vornehmen zu können. Bauen Sie dann den Boden, den Einlegeboden und den Deckel auf der Grundlage der tatsächlich gemessenen Seitenwandmaße. Anders ausgedrückt: Beginnen Sie nicht damit, alle Teile gemäß Schnittliste zuzuschneiden, sondern arbeiten Sie in Paketen und prüfen dabei immer wieder die Abmessungen. Mit dieser Strategie erhalten Sie bessere Ergebnisse und vermeiden Verschnitt und vergeudetes Holz.

Rahmenteile herstellen

Beginnen Sie mit dem Abrichten und Hobeln des Materials für die Höhen- und Querfriese von Seitenwänden, Front und Rückwand. Verwenden Sie für die Höhenfriese das geradeste Material aus ast- und fehlerfreiem Holz. Das gilt vor allem für die Türhöhenfriese, damit die Türen des fertigen Schrankes eben bleiben.

1. Reißen Sie die Mittenlinie für die Flachdübel in den Höhenfriesen der Seitenwände, Front und Rückwand sorgsam an. Stellen Sie den Anschlag des Flachdübelfräsers so ein, dass der Fräser mittig im 19 mm starken Material bis zur für Flachdübel Nr. 20 erforderlichen Tiefe fräst. Befestigen Sie das Material beim Fräsen der Schlitze mit Schraubzwingen, damit sich nichts verschiebt **(Foto A)**.

2. Fräsen Sie auf die gleiche Art die Flachdübelschlitze in die Querfriesenden **(Foto B)**.

3. Fräsen Sie die Nuten für die Kassettenfüllungen passend zu den Seitenwänden mit einem Scheibennutfräser. Dieser Fräser ist konzipiert, um eine 6 mm breite Nut in eine Materialkante zu fräsen. Die Frästiefe wird dabei entweder durch die Größe des kugelgelagerten Anlaufrings oder durch die Anschlagposition gesteuert. Wählen Sie ein passendes Kugellager bzw. stellen Sie den Anschlag so ein, dass der Fräser eine 6 mm tiefe Nut an der Materialkante erzeugt. Der Fräser muss mittig im 19 mm starken Material liegen. Damit die Nut nicht in den Bereich der Flachdübelschlitze gerät, markieren Sie mit Bleistift entsprechend den Endpunkten der Schlitze Fräsbeginn und -ende. Fräsen Sie zwischen diesen Punkten. Drücken Sie das Material am Beginn in den Schnitt hinein und ziehen Sie es am Ende wieder vom Fräser weg **(Foto C)**.

FRÄSEN SIE DIE SCHLITZE für die Flachdübel Nr. 20 in die Seitenwandquerfriese mit dem Flachdübelfräser.

REISSEN SIE DIE MITTEN der Querfriesenden an, und fräsen Sie die Flachdübelschlitze. Befestigen Sie das Material mit Schraubzwingen an der Werkbank.

FRÄSEN SIE auf dem Frästisch mit einem Scheibennutfräser die Nuten in die Höhenfriese. Markieren Sie den Ein- und den Austrittspunkt des Fräsers, um den Schnittanfang und das Schnittende zu kennzeichnen, und vermeiden Sie dabei im Bereich der Flachdübelschlitze zu fräsen.

4. Fräsen Sie in der gleichen Weise die Nuten in die Querfriese. Obere und untere Querfriese verfügen nur an den Innenkanten über Nuten, die mittleren Querfriese erhalten an beiden Kanten eine Nut **(Foto D)**.

FRÄSEN SIE DIE QUERFRIESNUTEN in der gleichen Weise. Man beachte, dass die mittleren Querfriese an beiden Kanten Nuten erhalten, wohingegen die oberen und unteren Querfriese nur an einer Seite eine Nut erhalten.

TIPPS & TRICKS

Markieren Sie auf Ihren Rahmenteilen die Außenseite. Arbeiten Sie immer mit der gleichen Seite auf dem Frästisch (entweder der Außen- oder der Innenseite, aber immer mit der gleichen). Selbst wenn die Fräserhöhe nicht exakt auf dem Werkstück zentriert ist, werden dann beim Zusammenbau alle Rahmennuten passen.

Schrankkorpusfüllungen herstellen

LEIMEN SIE DIE FÜLLUNGEN aus schmalerem Material zusammen. Richten Sie dabei die Holzmaserung sorgfältig aus. Hobeln Sie sägeraues Holz zunächst auf eine Stärke von 21 mm und nach dem Trocknen des Leims auf die Fertigstärke von 19 mm.

Hobeln Sie das Material für die Füllungen auf eine vorläufige Stärke von 21 - 22 mm, und richten Sie die Kanten für eine saubere Passung ab. Kirschbaumholz weist von Natur aus Abweichungen hinsichtlich der Holzfarbe und der Maserung auf. Dadurch kann es schwierig sein, ein perfektes Holzbild zu erzeugen. Sie müssen einfach das Material so lange verschieben, bis die ansprechendste Kombination gefunden ist.

1. Sollten Sie kein Material in ausreichender Breite zur Verfügung haben, leimen Sie die Füllungen aus schmalerem Material zusammen **(Foto A)**. Nach dem Trocknen des Leims hobeln Sie die Seitenwandfüllungen auf 19 mm Stärke und sägen sie auf Breite und Länge. Wie man die Breite einer Füllung festlegt, ist weiter unten erläutert.

2. Stellen Sie die Schnitthöhe und die Entfernung zum Anschlag auf jeweils 6 mm ein und sägen Sie entlang der Kassettenfüllung. Zunächst liegt die Materialvorderseite, dann die Rückseite flach auf dem Kreissägentisch. Bei den ersten Schnitten liegt das Querholz am Anschlag an.

3. Führen Sie dann die gleichen Schnitte an beiden Seiten mit dem Längsholz am Anschlag durch **(Foto B)**.

4. Abschließend sägen Sie die Federn durch Schnitte in die Materialkante bei aufrecht gegen den Anschlag gehaltenen Füllungen fertig **(Foto C)**. Eine dicht schließende Sägeblattabdeckung ist notwendig um diesen Schnitt sauber und sicher durchzuführen. Eine Druckleiste erleichtert es, das Holz zur besseren Führung fest an den Anschlag zu halten.

Halten Sie immer die gleiche Materialseite an den Anschlag. Korrigieren Sie lieber die Entfernung des Anschlags, statt das Werkstück zum Sägen der gegenüberliegenden Federseite umzudrehen. So werden alle Federn gleich stark und haben von der Füllungsoberfläche die gleiche Entfernung.

SÄGEN SIE DIE FEDERBRÜSTUNGEN an den Füllungskanten. Sägen Sie zuerst die Schmalseiten, um Ausrisse zu reduzieren, und dann die Längsseiten.

TRAGEN SIE ÜBERSCHÜSSIGES Holz an den Kanten bei aufrecht und plan am Anschlag stehendem Werkstück ab.

Füllungsmaße festlegen

Ändert sich die Luftfeuchtigkeit, schwinden Füllungen oder dehnen sich wieder aus. Sind die Toleranzen zu eng gefasst, können dadurch die Holzverbindungen der Rahmenteile auseinandergedrückt werden. Wenn Sie die Füllungsmaße bei diesem und anderen Projekten festlegen, sollten Sie zunächst den Restfeuchtegehalt des Holzes bestimmen. Es muss hinreichend trocken sein. Legen Sie die Abmessungen so fest, dass das Holz beim Dehnen und Schwinden infolge saisonal bedingter Veränderungen der Luftfeuchtigkeit Raum zur Verfügung hat.

Messen Sie zunächst die Querfrieslänge ohne die Zapfenlänge. Addieren Sie die Tiefe der beiden zur Aufnahme der Füllungsfedern in die Türquerfriese geschnittenen Nuten. Subtrahieren Sie etwa 1 mm pro 102 mm Füllungsbreite. Bei diesem Schrank sind die Querfriese z.B. 203 mm lang. Nehmen Sie diese 203 mm, addieren Sie 13 mm für die Federn, ziehen Sie 2 mm Spiel zum Ausdehnen ab, und Sie erhalten eine Breite von 214 mm.

Glücklicherweise arbeitet Holz in größerem Umfang nur quer zur Faser. Die Länge ist daher weniger kritisch. Trotzdem schneide ich Füllungen immer 0,5 – 1 mm kürzer zu als eigentlich erforderlich. So verbleibt etwas Spiel, und es werden Probleme beim Zusammenbau vermieden.

TESTEN SIE DIE PASSUNG von Füllung und Nut an einem Stück Verschnittholz vom Querfries.

SÄGEN SIE ALS NÄCHSTES die Federn an den Längsholzseiten bei hochkant stehender Füllung.

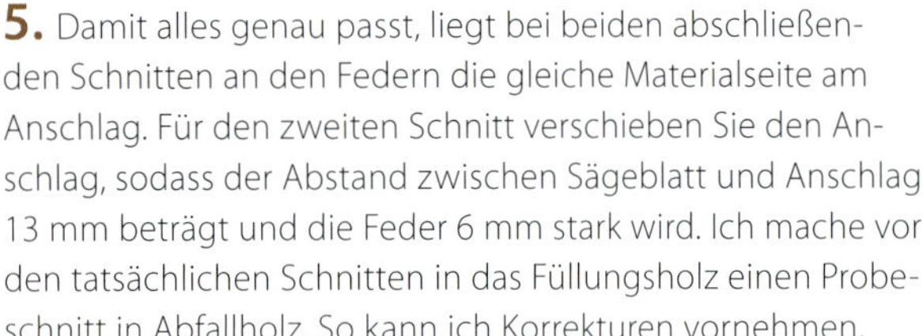

5. Damit alles genau passt, liegt bei beiden abschließenden Schnitten an den Federn die gleiche Materialseite am Anschlag. Für den zweiten Schnitt verschieben Sie den Anschlag, sodass der Abstand zwischen Sägeblatt und Anschlag 13 mm beträgt und die Feder 6 mm stark wird. Ich mache vor den tatsächlichen Schnitten in das Füllungsholz einen Probeschnitt in Abfallholz. So kann ich Korrekturen vornehmen, damit alles perfekt passt. Testen Sie die Passung der Feder an Verschnittholz von einem der Querfriese **(Foto D)**.

6. Sind Sie mit der Passung von Nut und Feder zufrieden, formen Sie die umlaufenden Federn an den Füllungen weiter aus **(Foto E)**.

Schrankkorpusteile fertigstellen

Das Fräsen der Rahmenteile und Füllungen bietet optisch interessante Möglichkeiten. Ich fräse die Höhen- und Querfrieskanten mit einem 45°-Fasefräser und die Kanten der Kassettenfüllung mit einem V-Nutenfräser.

1. Fräsen Sie beide Außenkanten der mittleren und die Innenkante der oberen und unteren Querfriese. Ich stelle die Schnitthöhe so ein, dass etwa 3 mm der Schneide herausragen. Bei diesem Arbeitsgang verwende ich einen Anschlag, um den Fräser von meinen Händen fernzuhalten **(Foto A)**.

2. Setzen Sie zum Fräsen der Höhenfriese die Seitenwand-, Front- und Rückwandkomponenten ohne Füllungen zusammen. Fixieren Sie die Teile mit Schraubzwingen und setzen Sie auch die Flachdübel trocken ein, damit alles richtig ausgerichtet ist. Fräsen Sie dann mit der Handoberfräse und demselben Fasefräser die Höhenfrieskanten bis in die Ecken hinein. Der kugelgelagerte Anlaufring beendet den Schnitt an der richtigen Stelle.

FRÄSEN SIE DIE QUERFRIES- und Höhenfriesinnenkanten auf dem Frästisch mit einem 45°-Fasefräser

MONTIEREN SIE DEN RAHMEN mit trocken eingesetzten Flachdübeln, und halten Sie ihn mit Schraubzwingen zusammen. Fräsen Sie dann die Innenkanten mit der Handoberfräse mit einem 45°-Fasefräser. Arbeiten Sie die Ecken von beiden Seiten mit einem scharfen Beitel aus.

3. Stellen Sie die Fase in der Ecke mit einem geraden Beitel fertig. Schneiden Sie dazu zunächst entlang der Fräskante auf dem Querfries und dann aus der anderen Richtung. Trägt man mit einem sehr scharfen Beitel nur dünne Späne ab, erhält man ein besseres Ergebnis als bei einem großen Schnitt (Foto B).

4. Fräsen Sie die Kanten der Kassettenfüllungen mit einem V-Nutenfräser oder hobeln Sie sie mit einem Hirnholzhobel. Auf jeden Fall sollten Sie zuerst das Hirnholzende anfasen. Stellen Sie den Frästischanschlag und die Schnitthöhe richtig ein, sodass die Fase zu dem Schnitt an den horizontalen Rahmenteilen, wie auf Foto C gezeigt, passt. Prüfen Sie bei diesem Arbeitsgang mit der Prüflehre, die beim Formen der Füllungsfedern entstanden ist, die Ergebnisse von Probeschnitten, ehe Sie Ihr Projektmaterial fräsen.

FRÄSEN SIE mit einem V-Nutenschneider eine passende Anfasung an die Füllung. Stellen Sie den Frästischanschlag und die Schnitthöhe so ein, dass die Fasen von Füllung und Rahmen zueinander passen.

Seitenwände, Rückwand und vorderen Rahmen leimen und zusammenbauen

SETZEN SIE DIE FLACHDÜBEL mit Leim in die Schlitze ein. Bauen Sie den Rahmen und die Füllungen zusammen und spannen Sie die Baugruppen mit Schraubzwingen fest, während der Leim trocknet.

1. Schneiden Sie die Rückwandfüllungen aus 6 mm starkem Sperrholz zu.

2. Schleifen Sie vor dem Zusammenbau alle Füllungen und die Innenkanten aller Rahmenteile.

3. Setzen Sie in die vertikalen Rahmenteile die Flachdübel mit Leim ein. Geben Sie auch Leim in die Flachdübelschlitze in den horizontalen Rahmenteilen. Arbeitet man beim Zusammenbau mit Flachdübeln, kann die Ausrichtung der Teile problematisch sein. Passen Sie daher beim Anziehen der Schraubzwingen gut auf, dass die Teile exakt so ausgerichtet sind, wie Sie sie haben wollen (**Foto D**).

4. Bauen Sie den vorderen Rahmen zusammen, tragen Sie dabei Leim auf und spannen Sie ihn fest.

Wie man richtig verleimt

Beim Leimen kann es hektisch werden, daher ist es wichtig, sich gut vorzubereiten. Legen Sie Holzklotz und Hammer bereit, mit denen Sie die Teile in Position klopfen. Die Ausrichtung eines mittleren Querfrieses hängt von der Größe der Füllung ab. Wenn oberer und unterer Querfries richtig positioniert sind und die Füllungen die richtige Länge haben, dann wird auch der mittlere Querfries in der richtigen Position liegen.

Kleinere Ausrichtungsfehler beim mittleren Querfries kann man beheben, indem man die gesamte vormontierte Baugruppe auf den Boden klopft und so die Lage der Bauteile korrigiert. Das geht allerdings nur, bis der Leim angetrocknet ist.

Bringen Sie zum Festziehen der Holzverbindungen Schraubzwingen an jedem Ende und am mittleren Querfries an. Prüfen Sie mit dem Maßband von einer Ecke zur anderen, ob die Baugruppe rechtwinklig ist, oder prüfen Sie mit dem Zimmermannswinkel, ob Boden und Seitenwände im 90°-Winkel zueinander stehen. Spannen Sie die Teile mindestens 45 Minuten lang fest ein, ehe Sie mit dem nächsten Arbeitsgang fortfahren.

Nuten für den Boden und den festen Einlegeboden fräsen

1. Reißen Sie die Nut jeweils im Abstand von 13 mm zur Unterkante des unteren Querfrieses und zur Oberkante des oberen Querfrieses der Seitenwände an. Die Nuten für den Einlegeboden liegen mittig auf dem mittleren Querfries. Messen Sie die Entfernung von der Fräseraußenkante bis zur Kante der Fräsergrundplatte. Damit erhalten Sie die Entfernung vom unteren Materialende zur Position der Führungsleiste.

2. Spannen Sie die Führungsleiste und das Werkstück an die Werkbank, damit sich nichts verschiebt. Fräsen Sie von links nach rechts, sodass die Rotationsrichtung des Fräsers den Fräser zur Führungsleiste zieht. Man beachte auf Foto E, dass die Nuten in den Seitenwänden Beginn- und Endemarkierungen haben, damit die Nut außen nicht sichtbar wird. Beginnen bzw. beenden Sie Ihre Nuten 13 bis 16 mm neben den Kanten der Seitenwände. Die Nutenden werden durch den vorderen Rahmen und die Rückwand verdeckt und müssen daher nicht rechtwinklig ausgestemmt werden.

3. Fräsen Sie in der gleichen Weise die Nuten in der Rückwand. Hier können Sie eine durchgängige Nut fräsen, da sie durch die Seitenwände verdeckt wird (Foto F).

VERWENDEN SIE EINE HOLZLEISTE als Anschlag für die Oberfräse. Fräsen Sie die Nuten mit einem auf 6 mm Frästiefe eingestellten 13-mm-Spiralnutfräser. Kennzeichnen Sie Anfang und Ende für den Fräser, damit die Nuten auf der Schrankaußenseite nicht sichtbar sind.

TIPPS & TRICKS

Bleiben Boden, Deckel und Einlegeboden in den Nuten des Schrankkorpusses beweglich, hat das Holz Platz für witterungsbedingtes Ausdehnen und Schwinden und der Schrank erhält zusätzliche Stabilität. Zum Nutenschneiden verwende ich einen 13-mm-Spiralnutfräser mit positiver Spirale, da er das Verschnittholz besser auswirft und ein glatteres Schnittergebnis erzeugt.

Die Rückwandnuten können über die Kante hinaus gefräst werden, da die Seitenwände die aus den Höhenfriesen heraustretenden Nuten verdecken.

Flachdübelschlitze fräsen

1. Reißen Sie die Flachdübelpositionen am vorderen Rahmen, an der Rückwand und an den Seitenwänden an. Verwenden Sie in jeder Ecke fünf Flachdübel und legen Sie die Position jeweils ab Unterkante der Baugruppe gemessen fest. Verteilen Sie die Flachdübel gleichmäßig: einen an jedem Ende, einen in der Mitte und einen zwischen jedem Ende und der Mitte. Stellen Sie die Anschlagtiefe so ein, dass der vordere Rahmen und die Rückwand zu den Seitenaußenkanten um 3 mm nach innen versetzt sind. Dieser Versatz macht die Schrankecken optisch attraktiver, und die Kanten müssen auch nicht perfekt ausgerichtet sein.

2. Stellen Sie den Flachdübelfräser auf Flachdübel Nr. 20 ein und fräsen Sie die Schlitze zum Verbinden der Rückwand und des Rahmens mit den Seitenwänden.

3. U.U. ist es schwierig, die Flachdübelschlitze in die Seitenwand zu fräsen. Stellen Sie sie hochkant und befestigen Sie sie wie abgebildet mit Zwingen **(Foto G)**.

STELLEN SIE DIE MIT SCHRAUBZWINGEN **befestigten Seitenwände hochkant. Das erleichtert das Fräsen der Schlitze. Positionieren Sie die Flachdübel leicht außermittig, sodass Vorder- und Rückseite 3 mm zu den Seitenwänden nach innen versetzt liegen.**

Vorderseite für den Sockel vorbereiten

1. Schleifen Sie die Seitenwände, die Rückwand, den vorderen Rahmen und die Einlegeböden mit zunehmend feiner werdendem Schleifpapier. Ich arbeite mit dem Schwingschleifer und beginne mit Körnung 150 und ende mit Körnung 320.

2. Sägen Sie eine 89 mm hohen und 3 mm tiefe Ausklinkung quer zu den Seitenwandvorderseiten, in den der Sockel fest gegen den vorderen Querfries eingepasst wird. Dieser kleine Schnitt ist wichtig, denn so ragen die Seitenwände über den vorderen Rahmen hinaus, ohne dass man dort, wo später der Sockel angebracht wird, die Lücke mit einer Leiste füllen muss. Sägen Sie mit der Tischkreissäge und dem Schlitten bei 3 mm Schnitthöhe grob vor. Beim ersten Schnitt liegt die Seitenwandunterkante am auf 89 mm ab Sägeblatt eingestellten Stoppklotz an. Entfernen Sie das Material in mehreren Schnitten. Schneiden Sie verbliebene Holzreste mit einem scharfen Beitel weg **(Foto H)**.

VERPUTZEN SIE DIE AUSKLINKUNG für den Sockel mit einem scharfen Beitel. Grob vorsägen können Sie ihn mit der Tischkreissäge bei 3 mm Schnitthöhe. Für den ersten Schnitt setzen Sie einen Stoppklotz 89 mm vom Sägeblatt entfernt.

Deckel, Boden und Einlegeboden herstellen

SÄGEN SIE DIE FEDERN an Boden- und Einlegebodenvorderseiten mit der Zapfenschneidevorrichtung. Sie müssen passend zu den Nuten in den Schrankkorpusteilen 6 mm lang und 13 mm breit sein.

SÄGEN SIE ZUNÄCHST die Schmal- und dann die Längsseiten. Ebenfalls abgebildet sind das vordere und das hintere Deckelteil.

Ich habe mich bei der Konstruktion dieser Teile für Nut- und Federverbindungen entschieden, damit die Bretter eben bleiben und das Holz genügend Raum zum Arbeiten bei saisonalen Feuchteschwankungen hat. Mit Ausnahme des Deckels haben alle Teile an drei Seiten eine 13 mm starke und 6 mm lange Feder, die in die Nuten in den Seitenwänden und der Rückwand passt. Das Deckelbrett verfügt an drei Seiten über eine 6 x 6 mm große Feder, damit es an die Kranzleiste passt. Ehe Sie Material nach Länge und Breite präzise zuschneiden, sollten Sie die von Ihnen hergestellten Baugruppen nachmessen, um die Teile maßlich passend zuzuschneiden. Diese Teile werden in der gleichen Weise hergestellt wie die in vorherigen Abschnitten gezeigten Rahmenteile und Füllungen für den Schrankkorpus ohne Querfriese.

1. Messen Sie die Breite der Rückwandbaugruppe und addieren Sie zur Festlegung der Länge des Bodens und den Teilen des mittleren Einlegebodens 13 mm. Sägen Sie nach dem Hobeln auf Breite und dann auf Länge.

2. Stellen Sie zunächst die 13-mm-Federn an den vorderen Teilen (**Foto A**) und an drei Seiten der Bretter für Boden und festen Einlegeboden her. Diese Federn sitzen in den Nuten der Seitenwände und der Rückwand.

3. Sägen Sie nun die 6 x 6 mm großen Federn an den Deckelteilen und an einer Kante der Teile für die Vorderseite des festen Einlegebodens und des Bodens. Wie der Zeichnung auf S. 129 zu entnehmen ist, besteht der Deckel aus drei Teilen, von denen eines eine 6 x 6 mm große Feder an allen vier Kanten aufweist, eines eine Feder an beiden Enden und an einer Kante und ein breiteres Brett eine Feder an jedem Ende und eine Nut in beiden Seiten hat (**Foto B**).

4. Sind alle Federn gesägt, sägen Sie die Bretter entsprechend der tatsächlichen Maße mit der Kreissäge auf Breite. Sägen Sie dann die 6 x 6 mm großen Nuten an beiden Kanten des Deckelbretts und an der Vorderkante von Bodenbrett und Einlegeboden.

TIPPS & TRICKS

Ich finde es immer hilfreich, vor dem Zuschnitt der Bretter auf das endgültige Maß den vorderen Rahmen, die Rückwand und eine Seitenwand probeweise zusammenzubauen. Die Flachdübel in den Teilen können Einfluß auf die Abmessungen von Boden und Einlegeboden haben. Schlagen Sie auf S. 121 unter „Füllungsmaße festlegen" nach.

Schrankkorpus zusammenbauen

1. Leimen Sie zunächst den vorderen Rahmen an eine Seitenwand. Geben Sie dazu Leim in die Flachdübelschlitze und tragen Sie eine dünne Leimspur entlang der Rahmenkante auf. Spannen Sie dann alles fest. Tragen Sie ebenfalls etwas Leim vorne auf den mittleren Einlegebodenschlitz auf und setzen Sie die mittlere Einlegebodenleiste ein **(Foto A)**. Während der Leim abbindet, können Sie den Boden und den mittleren Einlegeboden einbauen, ehe Sie zum nächsten Schritt übergehen.

2. Sobald der Leim, der die Einlegebodenleiste mit der Seitenwand zusammenhält, getrocknet ist, setzen Sie die Flachdübel zum Befestigen der Rückwandbaugruppe ein und spannen alles fest **(Foto B)**. Prüfen Sie, ob alle Baugruppen rechtwinklig zueinander stehen.

3. Warten Sie, bis der Leim getrocknet ist. Tragen Sie dann Leim auf die andere Seitenwand und die Flachdübel auf. Setzen Sie sie ein und spannen Sie alles fest. Warten Sie zwischen den Arbeitsgängen mindestens 45 Minuten.

LEIMEN SIE DEN VORDEREN RAHMEN an eine Seitenwand, und befestigen Sie sie mit Zwingen. Flachdübel Nr. 20 halten sie dabei in Position. Nun können der mittlere Einlegeboden und der Boden eingebaut werden.

SCHRAUBZWINGEN HALTEN die Rückwand an ihrem Platz. Nach etwa 45 Minuten kann man mit der Montage fortfahren. Tragen Sie Leim auf die Kanten und auf die Flachdübel für die Schlitze auf und spannen Sie die andere Seitenwand an ihren Platz.

Formteile herstellen

Die Kranzleiste und der Sockel machen den Schrank optisch interessanter und lassen ihn professioneller erscheinen. Dadurch, dass Sie die Kranzleiste aus zwei Lagen zusammensetzen, erzielen Sie mit 19 mm starkem Material zusätzliche Breite und Tiefe. Die Kranzleiste passt zur Feder im Deckel. Der Sockel wird in die Ausklinkung an der Schrankvorderseite eingepasst. Befestigen Sie ihn mit Schrauben im vorderen Rahmen und in den Seitenwänden.

1. Hobeln Sie das Material für die Kranzleiste, richten Sie es ab, und sägen Sie es auf die richtige Breite. Schneiden Sie die Teile der Kranzleiste auf Gehrung auf die benötigten Maße (Foto A).

SÄGEN SIE DIE TEILE für die Kranzleiste mit der Tischkreissäge und einem auf 45° eingestellten Gehrungsanschlag.

Detail Deckel und Kranzleiste

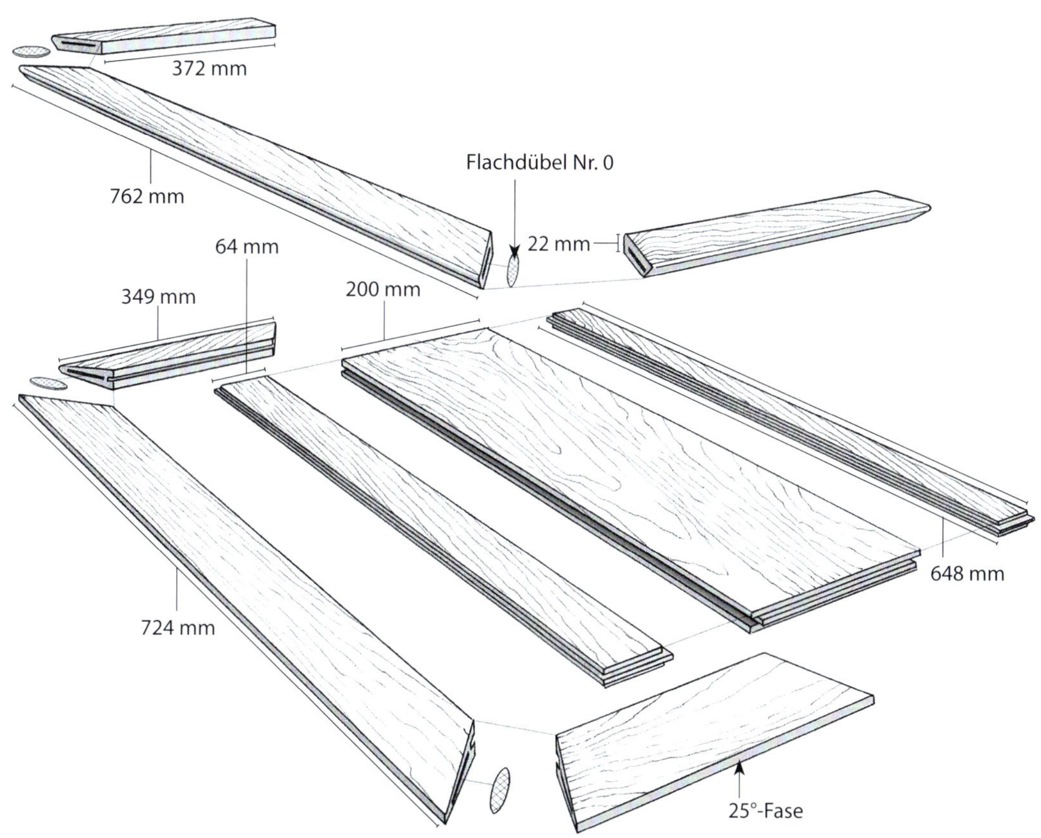

SÄGEN SIE PASSEND ZU DEN FEDERN am Deckel Nuten in die Innenkanten der unteren Kranzleistenteile.

NEIGEN SIE FÜR DEN ZUSCHNITT der Kranzleistenteile das Kreissägeblatt. Arbeiten Sie aus Sicherheitsgründen mit einem Schiebestock.

2. Sägen Sie für die drei Teile, aus denen die untere Kranzleistenlage besteht, eine zu den Federn des Deckels passende 6 x 6 mm große Nut in die Kante **(Foto B)**.

3. Neigen Sie das Sägeblatt um 25° und sägen Sie von jedem Teil eine Kante ab **(Foto C)**. Sie sollten darauf achten, dass die untere und die obere Kranzleistenlage in unterschiedlichen Winkeln gesägt werden. Sägen Sie sie daher nicht gleichzeitig. Zusätzlich zum 42°-Winkel an der oberen Kranzleistenlage bringe ich eine leichte 45°-Fase an den oberen Kanten an.

4. Fräsen Sie in die auf Gehrung geschnittenen Kranzleistenenden Nuten für die Flachdübel Nr. 0. Üben Sie die Flachdübelschnitte an Abfallholz und positionieren Sie sie sorgfältig, damit sie von außen nicht zu sehen sind. Geben Sie Leim an die Teile der Kranzleiste und bauen Sie diese zusammen, wobei sie von der Deckelbaugruppe in Position gehalten wird **(Foto D)**.

5. Während der Leim abbindet, halten Sie die Teile mit Schraubzwingen an den Ecken zusammen **(Foto E)**.

6. Zum Zusammenbauen und Verleimen der oberen Kranzleistenlage fräsen Sie zunächst Flachdübelschlitze in die Ecken und halten die Teile, während der Leim abbindet, mit Klebeband fest zusammen. Schraubzwingen sind dafür nicht geeignet. Mit mehreren Lagen Klebeband kann man jedoch auch einen erheblichen Anpressdruck erzeugen. Richten Sie die Teile an den Ecken beim Festziehen des Klebebands sorgfältig aus. Legen Sie die Baugruppe zum Trocknen des Leims flach hin **(Foto F)**.

HALTEN SIE DIE KRANZLEISTENTEILE beim Zusammenbau, während der Leim abbindet, mit der montierten Deckelbaugruppe in Position.

ZIEHEN SIE DIE FLACHDÜBELVERBINDUNGEN mit Schraubzwingen fest zusammen.

MIT SCHRAUBZWINGEN kann man die obere Kranzleistenlage während des Abbindens des Leims nicht zusammenhalten. Verwenden Sie nach dem Auftragen des Leims und dem Einsetzen der Flachdübel Paketklebeband, um Anpressdruck zu erzeugen.

Sockel herstellen

1. Für den Sockel benötigen Sie 17 mm starkes Material, das Sie auf 89 mm Breite sägen und mit einer 30°-Fase 6 mm neben der Oberkanteninnenseite versehen.

2. Neigen Sie das Sägeblatt auf 45°. Längen Sie die Teile mit dem Gehrungsschlitten (oder –anschlag) ab. Man beachte, dass Gehrungskanten nur an den Enden des Vorderteils und an jeweils einem Ende der Seitenteile benötigt werden (Foto G). Sägen Sie zunächst die Gehrungen an den Seitenteilen und spannen Sie sie fest, damit Sie sie genau messen können. Das vordere Sockelteil schneide ich gerne zunächst etwas zu lang zu und kürze es dann allmählich, damit es perfekt passt.

GEHREN SIE DIE ANEINANDERSTOSSENDEN Schneiden Sie die Sockelenden auf Gehrung und setzen Sie sie an den Schrank.

3. Schleifen Sie die Teile vor dem Zusammenbau. Wenn Sie möchten, können Sie sie nach dem Anpassen am Schrank nochmals abnehmen, dann schleifen und erneut montieren. Befestigen Sie die Teile mit Schraubzwingen, wenn Sie sie an die Seitenwand und den vorderen Rahmen schrauben (Foto H).

BEFESTIGEN SIE DIE SOCKELTEILE mit Zwingen an ihrem Platz, damit Sie die Löcher für die Befestigungsschrauben von innen vorbohren können. Verwenden Sie einen Bohrtiefenanschlag, damit Sie nicht durchbohren.

Deckel zusammenbauen und montieren

Am einfachsten befestigt man die obere Kranzleistenlage wie folgt: Man trägt entlang der Oberkante der unteren Kranzleistenlage Leim auf, richtet dann die obere Lage darauf aus und befestigt sie mit der Druckluftnagler. Richten Sie dazu die hinteren Enden von oberer und unterer Kranzleistenlage aus und verschieben Sie die obere Lage nach Bedarf nach rechts oder links, bis sie auf der unteren Lage zentriert ist.

1. Tragen Sie eine Leimspur auf die untere Kranzleistenlage auf. Richten Sie die obere Kranzleistenlage darauf aus und nageln Sie sie mit 30 mm langen Nägeln fest **(Foto A)**.

2. Zum Montieren des Schrankdeckels richten Sie die obere Kranzleistenlage provisorisch auf dem Deckel aus. Richten Sie dann die Deckelhinterkante mit der Schrankhinterkante aus und schrauben Sie sie von oben in die Seitenwände und die Rückwand **(Foto B)**. Bohren Sie vor und senken Sie an, damit die Schrauben bündig versenkt sind. Ich verwende 30 mm lange Holzschrauben mit 3,5 mm Durchmesser. Sowie der hintere Bereich des Schrankdeckels montiert ist, richten Sie die Enden der oberen Kranzleistenlage mit der hinteren Deckelkante aus. Dann richten Sie die Deckelvorderseite mit den Vorderkanten der Seitenwände aus. Befestigen Sie sie mit Holzschrauben. Zentrieren Sie das mittlere Kranzleistenteil mit gleichmäßig viel Spiel an jeder Seite zum Schwinden und Ausdehnen, und befestigen Sie es an jedem Ende mit einer weiteren mittigen Schraube an den Seitenwänden.

Klebeband statt Nägeln

Schräge Flächen machen das Leimen und Festspannen schwierig. Vor dem Befestigen der Deckelbaugruppe an den Seitenwänden und der Rückwand sollten Sie die Einzelteile daher während des Abbindens des Leims mit transparentem Paketklebeband zusammenhalten und ausrichten. Ich verwende meist mehrere Lagen Klebeband, um genügend Pressdruck aufbauen zu können. Transparentes Klebeband ermöglicht es zudem, die Ausrichtung der Teile bei der Arbeit zu sehen. Verwenden Sie nur wenig Leim.

TRAGEN SIE EINEN TROPFEN LEIM zwischen der oberen und unteren Kranzleistenlage auf. Verbinden Sie die Teile dann mit einer Nagelpistole.

BEFESTIGEN SIE DEN DECKEL mit vorgebohrten und angesenkten 3,5-mm-Schrauben. Schrauben Sie sie durch den Deckel in die Seitenwände und die Rückwand.

Türen herstellen

ORDNEN SIE DAS RAHMENMATERIAL so an, dass sich das bestmögliche Maserbild ergibt. Markieren Sie die Teile sorgfältig, damit Sie immer erkennen, welches wohin gehört.

SÄGEN SIE die Querfrieszapfenwangen mit der Zapfenschneidevorrichtung. Die Schnitthöhe beträgt 51,5 mm.

Sägen Sie die Querfrieszapfenbrüstungen auf dem Ablängschlitten. Der Stoppklotz befindet sich 52 mm neben dem Sägeblatt.

Man könnte die Türrahmen mit Flachdübeln herstellen, offene Schlitz- und Zapfenverbindungen sind jedoch stabiler und sorgen dafür, dass die Rahmen beim Zusammenbau eben bleiben.

1. Den Anfang macht die sorgfältige Materialauswahl, wobei Sie auf eine zueinander passende Maserung der Teile achten sollten. Markieren Sie jedes Teil gleich nach dem Zuschnitt, damit Sie später wissen, welchen Platz es in der fertigen Tür einnimmt (Foto A).

2. Sägen Sie die Schlitze in die Türhöhenfriesenden mit der Zapfenschneidevorrichtung. Die Materialrückseite liegt an der Vorrichtung an. Verbreitern Sie den Schnitt in zwei Schritten auf 6 mm. Stellen Sie die Schnitthöhe auf 64,5 mm ein (64 mm für die Querfrieszapfenhöhe plus 0,5 mm zum Bündigschneiden der Tür) (Foto B).

3. Sägen Sie die 6-mm-Brüstungen der Querfrieszapfen auf dem Ablängschlitten. Setzen Sie den Stoppklotz 52 mm von der Sägeblattaußenkante entfernt (Foto C).

4. Sägen Sie die Querfrieszapfenwangen mit der Zapfenschneidevorrichtung fertig. Stellen Sie die Schnitthöhe auf 51,5 mm ein und machen Sie Probeschnitte in Abfallholz, ehe Sie das Projektmaterial sägen. Halten Sie die Materialrückseite an den Anschlag, um die gleiche Passung aller Rahmenteile zu gewährleisten (Foto D).

SÄGEN SIE DIE SCHLITZE mit einer Zapfenschneidevorrichtung. Halten Sie die Rahmenrückseite an die Vorrichtung. Verbreitern Sie den Schlitz mit einem zweiten Schnitt auf 6 mm.

SÄGEN SIE **die Querfrieszapfen auf 64 mm Fertigbreite zu. Sägen Sie dazu entlang der Brüstung in den vertikalen Schnitt. Verwenden Sie einen verschiebbaren Stoppklotz auf dem Schlitten, um den Schnitt zu positionieren und um zu verhindern, dass sich das Verschnittholz verklemmt.**

5. Sägen Sie die Querfrieszapfen auf ihre endgültige Breite von 64 mm. Setzen Sie den Stoppklotz im Abstand von 64 mm zum Sägeblatt. Die Querfriesaußenkante lehnt gegen den Stoppklotz. Die Schnitthöhe entspricht bei aufrecht stehendem Material knapp der Höhe der Zapfenbrüstung.

6. Arbeiten Sie mit dem verschiebbaren Stoppklotz, wenn Sie die Teile für die nächsten Schnitte vorbereiten. Verschieben Sie den Klotz von Ihnen gesehen nach links, um die Position so einzurichten, dass der Schnitt mit der Zapfenbrüstung fluchtet. Schieben Sie den Klotz während des Schnitts beiseite, um zu verhindern, dass sich das Verschnittholz verklemmt **(Foto E)**.

Querfriese herstellen und mit Nuten versehen

Ich habe die Nuten so konzipiert, dass sie in die Schlitze der offenen Schlitz- und Zapfenverbindungen an den Türhöhenfriesen laufen und an der Türaußenseite nicht sichtbar sind. Die Position der Nuten lege ich mittels der von den Höhenfriesen abgegriffenen Maße fest. Zur Vorbereitung dieses Arbeitsgangs bringe ich den oberen Querfries zunächst mit der Bandsäge und dem Abrichthobel auf sein Fertigmaß. Der 4°-Winkel am oberen Querfries spiegelt die Schräge der Kranzleiste wider.

1. Reißen Sie an der Kante 82 mm von der oberen äußeren Ecke und 102 mm von der anderen Ecke eine Bleistiftmarkierung nach unten an und verbinden Sie die Punkte mit einer Bleistiftlinie. So erhalten Sie einen 4°-Winkel. Sägen Sie mit der Bandsäge auf der Verschnittseite dieser Linie **(Foto F)**.

2. Glätten Sie die sägerauen Schnittkanten mit einem scharfen Handhobel oder mit leichten Schnitten auf dem Abrichthobel.

3. Sägen Sie die Nuten so in alle Türkomponenten, dass die Kassettenfüllungen passen. Die Federn an den Füllungen müssen keine bestimmte Größe haben. Ich mag es, wenn sie zwischen den offenen Schlitzen an den Höhenfriesenden liegen, damit die Nuten, in die sie passen sollen, an den Türkanten nicht sichtbar sind. Für diesen Arbeitsgang muss man

SÄGEN SIE DEN 4°-WINKEL **am oberen Querfries auf der Bandsäge. Glätten Sie den Schnitt mit einem Handhobel oder mit leichten Schnitten auf dem Abrichthobel.**

ZUM POSITIONIEREN DER NUT in den Türrahmen stellen Sie den Parallelanschlag so ein, dass das Sägeblatt genau innerhalb des Schlitzes am Höhenfries sägt.

VERSCHIEBEN SIE DEN ANSCHLAG zum Verbreitern des Schnitts so, dass das Sägeblatt im gegenüberliegenden Schlitz liegt. Bei beiden Schnitten liegt die gleiche Materialseite am Anschlag an.

die Tischkreissäge zweimal einrichten. Beide Male beträgt die Schnitthöhe 6 mm, der Anschlag befindet sich jedoch jeweils in einer anderen Position. Ich orientiere mich bei den Einstellungen an einem Türhöhenfries und richte das Sägeblatt so ein, dass es in den Schlitz passt, ohne das Material zu berühren **(Foto G)**. Sägen Sie an jedem Teil eine Nutseite.

4. Stellen Sie dann den Anschlag so ein, dass das Sägeblatt genau neben der gegenüberliegenden Schlitzwand der offenen Schlitz- und Zapfenverbindung sägt **(Foto H)**. Wiederum sollte es dicht am Material liegen, es aber nicht berühren. Sägen Sie nun die Nut auf Fertigbreite.

Türfüllungen herstellen

Bei der Herstellung der Kassettenfüllungen für die Schrankfront habe ich mich des Farbkontrasts wegen für Zuckerahorn entschieden. Natürlich können Sie auch ein zum Rest des Schrankes farblich passendes Material wählen oder ein anderes interessantes Holz. Gut geeignet sind Hölzer mit ausgeprägter Maserung. Vielleicht trennen Sie auch Holz in der Mitte auf und ordnen die Bretter zu einer spiegelbildlichen Maserung an.

1. Hobeln Sie das Material und sägen Sie es auf Breite. Sägen Sie ein Materialende rechtwinklig, sägen Sie jedoch nicht am oberen Ende. Schneiden Sie an drei Seiten die 6 x 6 mm großen Federn. (Passen Sie ggf. die Federstärke so an, dass sie in die Rahmennuten passt.)

2. Verwenden Sie zum Anreißen der Stelle, an der die Füllung auf den Rahmen trifft, einen probeweise vormontierten Rahmen als Schablone **(Foto I)**. Drehen Sie den Rahmen zum Markieren der anderen Füllung um, damit der Winkel jeweils in die richtige Richtung zeigt.

MARKIEREN SIE UNTER VERWENDUNG eines probeweise vormontierten Rahmens den Winkel für den oberen Schnitt.

3. Reißen Sie die Schnittlinie mit einem Winkelmesser oder einer Schmiege 6 mm neben der markierten Linie an, für die Sie die Tür zur Orientierung verwendet hatten **(Foto J)**.

4. Stellen Sie den Gehrungsanschlag der Tischkreissäge auf den erforderlichen Winkel ein und sägen Sie beide Türfüllungen entlang dieser Linie. Diesen Arbeitsgang können Sie auch auf der Bandsäge, mit einer Handstichsäge oder einer Handkreissäge mit Anschlag ausführen. Sind die Füllungen zugeschnitten, stellen Sie die Federn an den oberen Enden fertig.

5. Fräsen Sie das Kassettenprofil mit einem 10-mm-Hohlkehlfräser (siehe Kasten unten). Erhöhen Sie die Fräshöhe nach und nach **(Foto K)**.

6. Fräsen Sie vor dem Zusammenbau wie bei den Seitenwänden und der Rückwand in die Innenecken der Türhöhen- und -querfriese eine Fase hinein. Arbeiten Sie die Schnitte an allen Innenecken zum Schluss mit dem geraden Stechbeitel nach (siehe S. 123).

7. Schleifen Sie vor dem Zusammenbau beide Füllungsseiten, ebenso die Innenkanten der Höhen- und Querfriese, da Sie diese Teile später nicht mehr schleifen können.

8. Tragen Sie Leim auf die Zapfen und die Schlitzinnenflächen auf, ehe Sie die Teile zusammendrücken. Je nachdem wie eng Ihre Zapfen passen, kann einiger Druck erforderlich sein, um die Teile in Position zu bringen. Drücken Sie die Schlitzwände mit Schraubzwingen auf die Zapfen und lassen Sie dem Leim mindestens 45 Minuten zum Abbinden.

9. Stellen Sie die Türanschlagleiste her (siehe Zeichnung unten) und leimen Sie sie an den inneren Höhenfries einer Tür.

Querschnitt der Türanschlagleiste

Fräsen Sie zuerst auf dem Frästisch die 45°-Fase an der Außenseite und sägen Sie dann die Falze auf der Tischkreissäge. Machen Sie zuerst die 19-mm-Schnitte bei hochkant stehender Leistenrückseite.

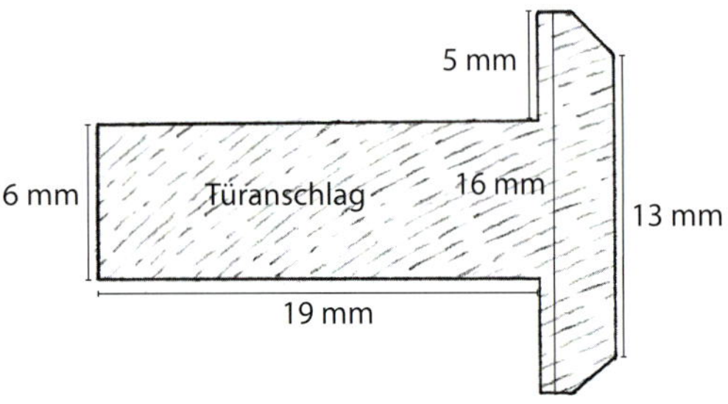

REISSEN SIE DIE SCHNITTLINIE mit einem Winkelmesser oder einer Schmiege an, den bzw. die Sie wie abgebildet 6 mm neben der Markierung ansetzen.

FRÄSEN SIE DAS PROFIL der Kassettenfüllungen mit einem 10-mm-Hohlkehlfräser. Machen Sie nur leichte Schnitte, und steigern Sie die Fräserhöhe schrittweise. Fräsen Sie zunächst die Schmalseiten, damit Sie Ausrisse durch das Fräsen der Längsseiten entfernen können.

Das Füllungsprofil fräsen

Einen Fehler machen Holzhandwerker bei der Herstellung kleiner Schränke häufig. Sie verwenden Werkzeuge, die für die Herstellung von Küchenmöbeln ausgelegt wurden, obwohl die Abmessungen ihrer Werkstücke ein eher feineres Arbeiten erfordern. Für die Zierkante an diesen Füllungen habe ich einen 10-mm-Hohlkehlfräser verwendet, der eigentlich zum Fräsen einer einfachen Hohlkehle gedacht ist. Stellen Sie den Anschlag ein wenig von der Fräsermitte entfernt und die Fräserhöhe auf 3 – 1,5 mm über dem Frästisch ein. Machen Sie dann Probeschnitte an Abfallholz, bis Sie das richtige Profil fräsen. Bei hartem Holz wie diesem Ahorn ist es sinnvoll, die Fräsung in mehreren kleineren Schnitten auszuführen; entweder, indem Sie den Fräser langsam erhöhen, oder indem Sie den Anschlag verschieben, um tiefer zu fräsen.

Beschläge und Einlegeböden einbauen

FRÄSEN SIE DIE SCHARNIERAUSKLINKUNGEN mit einer selbst gebauten Schablone. Man beachte die untergelegten Visitenkarten.

Es müssen sechs Scharnierausklinkungen hergestellt werden. Ich arbeite daher mit Fräser und Schablone.

1. Fräsen Sie die Scharnierausklinkungen in die vorderen Höhenfriese der Seitenwände und in die äußeren Höhenfriese der Türen **(Foto A)**. Reißen Sie dazu zunächst die Mittenlinien der Scharnierausklinkungen ab der Türoberkante im Abstand von 152 mm, 686 mm und 1219 mm an. Geben Sie an jeder Stelle für die Scharnierausklinkungen auf dem Korpus 1,5 mm zu, um Spiel für die Tür zu erhalten. Die Ausklinkungen sind 15 mm breit. Verwenden Sie zwei Visitenkarten (etwa 0,75 mm), um die Schablone beim Fräsen der Ausklinkungen im Korpus etwas vorzuziehen, damit die Tür später nicht spannt. Zur Herstellung und Verwendung einer Scharnierschablone siehe S. 53–55.

2. Positionieren Sie die Bodenträger mit einer Bohrlehre **(Foto B)**. Ich habe die Lochabstände 11 mm mittig von der Innenkante des Seitenwandquerfrieses angeordnet. Es gibt 21 Löcher oberhalb des festen Einlegebodens und 11 unterhalb im Abstand von jeweils 25 mm. Das erste der unteren Löcher liegt 152 mm oberhalb des Bodens, das erste der oberen Löcher 152 mm oberhalb des festen Einlegebodens. Bohren Sie die Löcher 13 mm tief und verwenden Sie einen Dübelabschnitt als Bohrtiefenbegrenzer.

3. Montieren Sie einen Magnetverschluss unterhalb des festen Einlegebodens. Positionieren Sie den Verschluss mittig hinter beide Türen **(Foto C)** und montieren Sie gekaufte oder selbst gedrechselte Griffe.

FERTIGEN SIE ZUM ANORDNEN der Löcher für die Bodenträger eine Bohrlehre an. Ein Dübelabschnitt dient als Bohrtiefenbegrenzer.

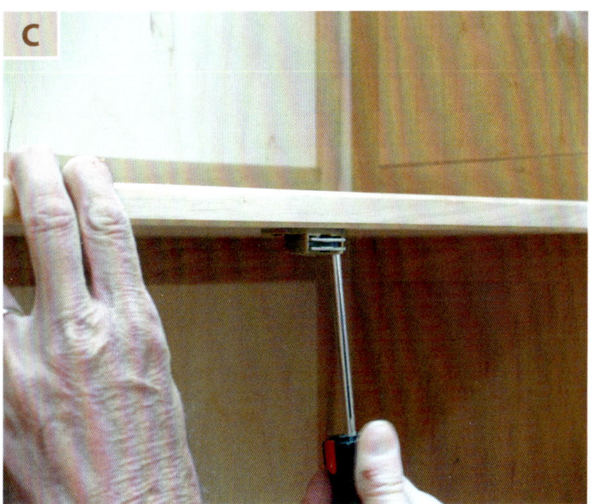

INSTALLIEREN SIE UNTER DEM FESTEN Einlegeboden einen Magnetverschluss, der die Türen in geschlossenem Zustand arretiert.

Von Krenov inspirierter Schrank

James Krenov ist einer der bekanntesten und einflussreichsten amerikanischen Möbeltischler. Die schlichte Eleganz seiner Arbeiten spiegelt seine praktische Ausbildung in Skandinavien wider. Der kleine Schrank auf einem Untergestell steht unverkennbar für Krenovsches Design. Bei diesem Stück wollte ich keine Reproduktion bauen, sondern in einen wohldurchdachten Dialog mit seinem heute als klassisch geltenden Möbeldesign eintreten.

Ich habe diesen Schrank aus Ahorn hergestellt. Die Türen und das Untergestell sind stark gemasert, das Holz der Seitenwände und des Deckels ist geradfaserig, sodass sich die Schwalbenschwänze leichter schneiden lassen. Sie können auch eine andere Holzart verarbeiten oder das Projekt nach Ihrem Können vereinfachen. Man kann z.B. den Deckel und den Boden mit den Seitenwänden mit Flachdübeln oder Dübeln verbinden, statt mit komplizierten Schwalbenschwanzverbindungen. Oder Sie ersetzen die schrägen Fronten durch gerade und verzichten auf die Schublade mit handgeschnittenen Schwalbenschwanzverbindungen.

Von Krenov inspirierter Schrank

Bei diesem Schrank mit Untergestell haben Sie die Gelegenheit, handgeschnittene Schwalbenschwanzverbindungen zu üben und sich technisch zu verbessern. So wie ich mich von Krenovs Arbeiten inspirieren ließ, mögen auch Sie sich anregen lassen, das Design nach eigenen Ideen neu zu interpretieren.

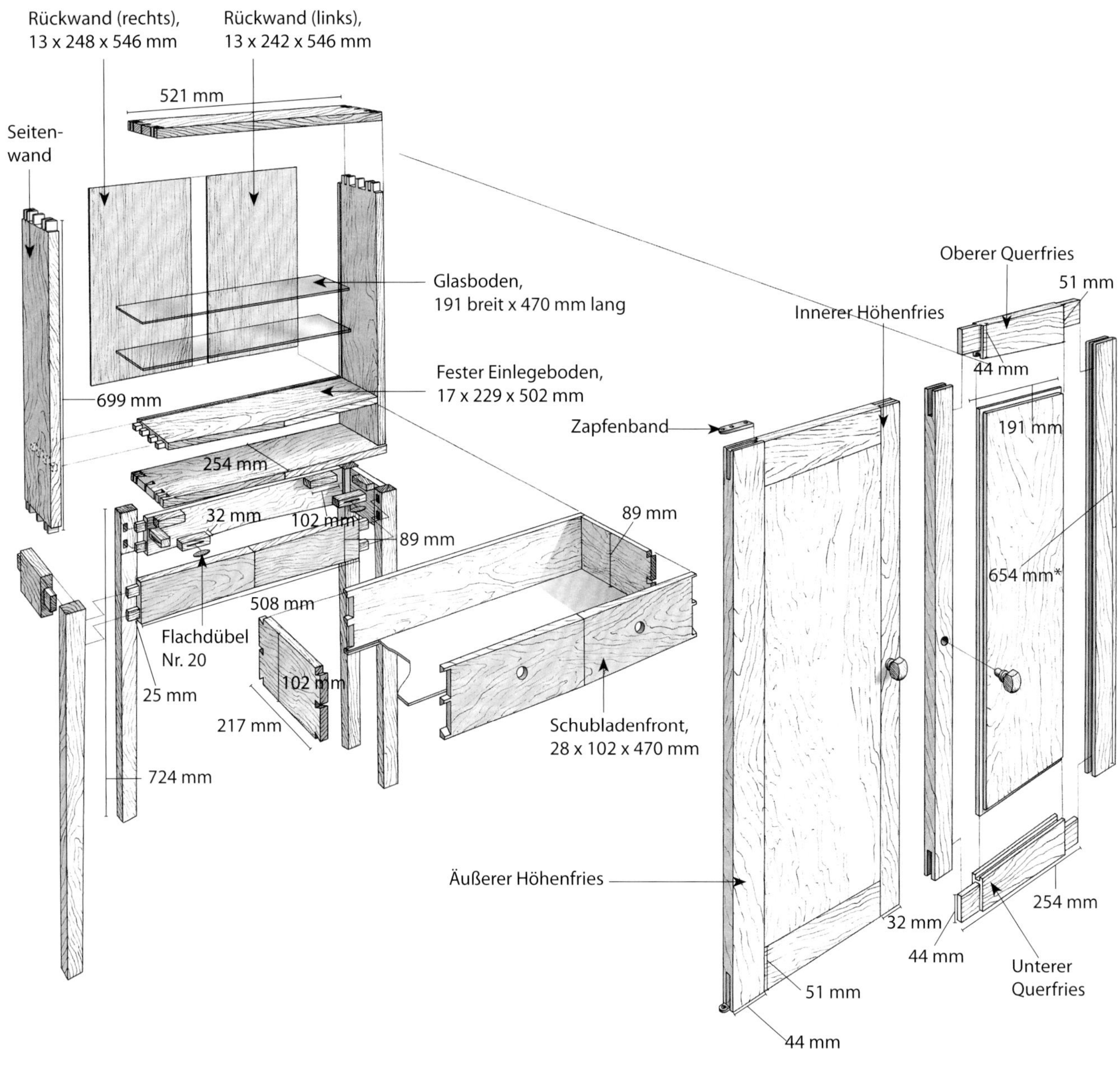

*Nach der Montage auf Fertiglänge schneiden

Materialliste Von Krenov inspirierter Schrank

Anzahl	Bezeichnung	Abmessung	Bemerkung
2	Deckel und Boden	19 x 254 x 521 mm	Ahorn
2	Seitenwände	19 x 217 x 699 mm*	Ahorn
2	Feste Einlegeböden	17 x 229 x 502 mm	Ahorn
1	Rückwand (links)	13 x 242 x 546 mm	Ahorn
1	Rückwand (rechts)	13 x 248 x 546 mm	Ahorn
2	Äußere Höhenfriese	17 x 44 x 654 mm**	Ahorn
2	Innere Höhenfriese	17 x 32 x 654 mm**	Ahorn
4	Querfriese	17 x 51 x 267 mm**	Ahorn
2	Türfüllungen	17 x 197 x 578 mm	Ahorn
4	Beine	38 x 38 x 750 mm	Ahorn
1	Frontblende	35 x 89 x 508 mm	Ahorn
2	Seitenblenden	22 x 89 x 227 mm	Ahorn
1	Hintere Blende	22 x 89 x 508 mm	Ahorn
6	Flachdübelklötze	19 x 32 x 102 mm	Ahorn
6	Flachdübel	Nr. 20	
1	Schubladenfront	28 x 102 x 470 mm	Ahorn
2	Schubladenseiten	11 x 102 x 217 mm	Ahorn
1	Schubladenrückwand	11 x 102 x 470 mm	Ahorn
1	Schubladenboden	6 x 203 x 460 mm	Sperrholz aus baltischer Birke
3	Anschläge	Durchmesser 5 mm x 13 mm lang	Messing
2	Satz Zapfenbänder	10 x 44 mm	Beschlaghandel
2	Türgriffe	35 x 35 x 35 mm	Aus einem 38 x 38 x 178 mm großen Stück Ahorn drechseln
12	Holzschrauben	3,5 mm Durchmesser x 30 mm	Stahl
4	Möbelgleiter	16 mm Durchmesser	mit 3 Zacken
2	Türmagnete		Beschlaghandel
2	Glasböden	6 x 191 x 470 mm	Kanten poliert
8	Bodenträger	6 mm Durchmesser	Beschlaghandel

*Vorderkanten nach dem Schneiden der Schwalbenschwanzzinken im Winkel von 3° auf Fertigmaß schneiden. Bei Verwendung von Dübeln oder Flachdübeln muss die Länge 654 mm betragen. **Nach Montage Überstand bündig schneiden.

Schwalbenschwanzzinkungen schneiden

REISSEN SIE AUF DECKEL, Boden und Seitenwänden mit dem Streichmaß eine Linie an. Sie legt die Länge der Zinken und Schwalbenschwänze fest.

MESSEN UND MARKIEREN Sie die Zinkenpositionen. Verwenden Sie eine Schmiege, um die richtigen Winkel zu bestimmen, und einen schwarzen Stift mit feiner Spitze, mit dem die Risslinien am deutlichsten werden.

Wer Schwalbenschwanzzinkungen in Handarbeit herstellen möchte, muss etwas geübt sein. Ehe Sie das für den Schrank gedachte Holz verwenden, üben Sie am besten mit einem billigeren Holz wie Pappel. Den breiteren Teil der Zinken habe ich so breit wie meinen 10-mm-Beitel geplant, angerissen habe ich mit einer Schmiege. Unterschiedliche Abstände zwischen den Zinkungen deuten darauf hin, dass sie handgeschnitten sind, für welchen Abstand Sie sich schließlich entscheiden, liegt ganz bei Ihnen.

1. Markieren Sie mit einem Streichmaß die Linien, die definieren, wie weit Sie sägen und wo Sie den Beitel ansetzen. Stellen Sie zum Markieren des Deckels und des Bodens den Dorn des Streichmaßes auf 25 mm Breite ein, sodass die 19-mm-Seiten 6 mm nach innen springen **(Foto A)**. Zur Markierung der Seitenwände stellen Sie das Streichmaß auf 22 mm ein, sodass der Deckel und der Boden 3 mm herausragen.

2. Stellen Sie eine Schmiege im Verhältnis 1:8 ein. Dieses Maß betrachten viele Handwerker für Laubholz als ideal. Messen Sie die gewünschten Zinkenabstände. Markieren Sie die Zinkenenden mit einem Stift mit feiner Spitze oder einem spitzen Bleistift, und verwenden Sie die Schmiege als Führung für den richtigen Winkel **(Foto B)**.

3. Ziehen Sie die Linien bis zur Streichmaßlinie auf der Werkstückaußenseite mit einem Winkel und einem Stift mit feiner Spitze weiter **(Foto C)**.

VERLÄNGERN SIE DIE MARKIERUNGEN bis zur Streichmaßmarkierung auf der anderen Seite. Führen Sie dabei den Stift oder spitzen Bleistift an einem kleinen Winkel entlang.

TIPPS & TRICKS

Hilfreich ist, die Verschnittbereiche zwischen den Zinken zu markieren. So weiß man immer, auf welcher Seite der Linie man arbeiten muss.

Zinken schneiden

SÄGEN SIE IN RICHTUNG Streichmaßlinie. Halten Sie das Sägeblatt waagerecht, wenn Sie den Schnitt beenden, damit es auf beiden Werkstückseiten auf die Streichmaßlinie trifft.

ENTFERNEN SIE EINEN TEIL des überschüssigen Holzes zwischen den Zinken mit der Bandsäge. Achten Sie dabei darauf, dass die Werkstückaußenseite nach unten zeigt. So sieht man, wo man sägt, und die Zinken bleiben unversehrt.

1. Sägen Sie mit einer Rückensäge – entweder mit einer japanischen Duzoki-Säge oder einer herkömmlichen Feinsäge – bis zu den Streichmaßlinien auf beiden Werkstückseiten (Foto D).

2. Entfernen Sie einen Teil des überschüssigen Holzes zwischen den Zinken mit der Bandsäge. Dies erleichtert und beschleunigt die Arbeit mit dem Beitel. Achten Sie darauf, dass das Werkstück mit der Außenseite auf dem Bandsägentisch liegt, damit Sie nicht in die Zinken sägen (Foto E). Alternativ können Sie das überschüssige Holz mit einer Laubsäge oder einer Feinschnittsäge entfernen.

3. Entfernen Sie das restliche Holz durch Schnitte von beiden Seiten mit einem Beitel. Ich entferne fast das gesamte überschüssige Holz mit der Bandsäge bis auf etwa 1,5 mm neben der Streichmaßlinie und den Rest mit einem einzigen abschließenden Schnitt (Foto F).

ENTFERNEN SIE das restliche Holz zwischen den Zinken mit einem scharfen Beitel: Arbeiten Sie dabei am Anfang in einer gewissen Entfernung von der Streichmaßlinie und verputzen Sie schließlich die Zwischenräume, indem Sie die Schnitte unmittelbar an der Linie beginnen.

Schwalbenschwänze schneiden

REISSEN SIE DIE ZINKEN mit einem Messer an: Befestigen Sie die Seitenwand mit einer Zwinge an einer mit der Streichmaßlinie auf dem Gegenstück fluchtenden Leiste und zeichnen Sie dann die Schwalbenschwanzkontur.

1. Befestigen Sie auf der Streichmaßlinie mit einer Zwinge eine Anschlagleiste, die die Schrankteile beim Anreißen der Schwalbenschwanzpositionen an ihrem Platz fixiert. Verwenden Sie dazu ein 38 x 38 mm großes Holz, das Sie mit einer Zwinge am Schrankdeckel oder -boden sowie aus der anderen Richtung an der Seitenwand befestigen. Man beachte, dass die Teile auf der Rückseite fluchten. Liegen die Teile an ihrem Platz, reißen Sie die Zinkenkontur mit einem Messer an **(Foto G)**.

2. Verlängern Sie die Markierungen mit einem Messer und einem Winkel bis hin zu den Werkstückenden **(Foto H)**.

3. Sägen Sie mit einer Rückensäge (Duzoki- oder Feinsäge) bis zur Streichmaßlinie **(Foto I)**.

4. Entfernen Sie überschüssiges Holz zwischen den Schwalbenschwänzen zunächst mit einer Ständerbohrmaschine mit 6-mm-Bohrer. Auf diese Weise lassen sich die Schwalbenschwänze schneller und akkurater schneiden. Alternativ ist das mit einer Laubsäge möglich.

TIPPS & TRICKS

Mit einem Messer reißt man die Zinken wesentlich präziser an als mit einem Bleistift oder Stift. Es erzeugt darüber hinaus eine Einkerbung, in der man beim abschließenden Verputzen die Beitelschneide gut ansetzen kann.

VERLÄNGERN SIE die Schwalbenschwanzmarkierungen mithilfe eines Winkels bis zu den Materialenden. Reißen Sie sie mit einem Messer an, denn die abschließenden Schnitte müssen präzise werden.

SÄGEN SIE ENTLANG der Schwalbenschwanzlinien mit einer Rückensäge bis zu den beiderseitigen Streichmaßlinien.

ENTFERNEN SIE DAS ÜBERSCHÜSSIGE HOLZ mit dem Beitel. Schneiden Sie anfänglich etwa 1 mm neben der Streichmaßlinie, damit sie erhalten bleibt, um den abschließenden Schnitt zum Verputzen darauf ausrichten zu können. Hinterschneiden Sie zur Mitte hin etwas, damit kein stehengebliebenes Holz die perfekte Passung der Zinkung verhindert.

5. Entfernen Sie den Rest des überschüssigen Holzes mit einem Beitel. Schneiden Sie zunächst etwas von den Streichmaßlinien entfernt, damit Ihnen diese für die abschließenden Schnitte erhalten bleiben (Foto J). Erst zum Schluss schneiden Sie direkt auf der Linie.

6. Halten Sie den Beitel zur Mitte hin minimal schräg, damit etwas Spiel entsteht, das das Probepassen und Zusammensetzen der Holzverbindung erleichtert (Foto K).

7. Machen Sie eine Probepassung und prüfen Sie dabei, wie die Zinken und Schwalbenschwänze ineinandergreifen, um etwaige Probleme vor dem Zusammensetzen zu erkennen (Foto L).

PRÜFEN SIE DIE PASSUNG der Holzverbindung. Ggf. müssen Sie noch etwas nachstemmen.

Schrankkorpus fertigstellen

Um den Schrank optisch attraktiver zu machen, habe ich die beiden Türen zur Mitte hin schräg zulaufen lassen. Dazu werden der Deckel, der Boden und die Seitenwände um 3° angeschrägt. Der Korpus hat einen festen Einlegeboden, der ein Schubladenfach ermöglicht.

1. Legen Sie die Zapfenbrüstungen mit einer Schnitthöhe von etwas unter 5 mm an den Kanten des feststehenden Einlegebodens fest. Stellen Sie den Stoppklotz so ein, dass der Schnitt 16 mm neben der Kante erfolgt (Foto A).

SÄGEN SIE DIE ZAPFENBRÜSTUNGEN. Mithilfe eines Stoppklotzes platzieren Sie das Werkstück 16 mm von der Kante entfernt. Die Schnitthöhe über dem Ablängschlitten beträgt knapp 5 mm.

STELLEN SIE DEN EINLEGEBODEN zum Sägen der Zapfenwangen aufrecht. Entfernen Sie beidseitig Holz, sodass ein 10 mm starker Zapfen entsteht. Halten Sie in beiden Fällen dieselbe Fläche gegen den Anschlag.

2. Stellen Sie den Einlegeboden aufrecht und sägen Sie die Zapfen auf 10 mm Stärke. Ich säge auf beiden Seiten, wobei stets dieselbe Fläche am Anschlag anliegt. Versetzen Sie den Anschlag zur Veränderung der Schnittposition (**Foto B**).

3. Legen Sie die Zapfenpositionen fest: Der hintere Zapfen liegt 25 mm neben der Kante, damit er nicht mit der Nut für die Rückwand in Konflikt gerät. Der vordere Zapfen befindet sich 14 mm von der Kante entfernt. (Später wird die Front um 3° angeschrägt.) Der Abstand zwischen den übrigen Zapfen beträgt 25 mm. Sägen Sie die Zapfenenden mithilfe des Ablängschlittens und eines Stoppklotzes, und sägen Sie die Zwischenräume mit mehreren Schnitten aus (**Foto C**).

4. Stellen Sie den Einlegeboden mit der Längskante hochkant, und sägen Sie die äußeren Zapfen auf dem Ablängschlitten auf Breite.

5. Reißen Sie die Zapfenlöcher in den Korpusseitenwänden entsprechend der soeben gesägten Zapfenkontur an. Vergessen Sie nicht, dass der breitere Raum zwischen der Kante und dem Zapfen am Ende hinten liegt, um die Nut für die Rückwand zu berücksichtigen. Die Unterkante des feststehenden Einlegebodens ist 124 mm von der Unterkante der Seitenwände entfernt, sodass die Zapfen 128,5 mm von der Unterkante der Seitenwände entfernt sind. Fräsen Sie die Zapfenlöcher mit einer Handoberfräse und einem mit einer Zwinge befestigten Führungsanschlag (**Foto D**). Zum Positionieren des Führungsanschlags müssen Sie den Abstand von der Schnittkante zur Kante der Handoberfräsengrundplatte messen und dieses Maß zur Entfernung vom Werkstückende zur geplanten Zapfenposition addieren. Markieren Sie, wo der Schnitt der Handoberfräse beginnen und enden soll. Ich fräse die Zapfenlöcher minimal länger als tatsächlich nötig, sodass ich die Ecken nicht mehr rechtwinklig stemmen muss. Die Zapfenlöcher müssen 16 mm tief sein, sie sind nicht durchgängig.

SÄGEN SIE DIE ZAPFEN auf der Tischkreissäge mithilfe des Ablängschlittens und eines Stoppklotzes fertig. Entfernen Sie das überschüssige Holz zwischen den Zapfen mit nebeneienanderliegenden 3-mm-Schnitten.

FRÄSEN SIE DIE ZAPFENLÖCHER. Befestigen Sie als Anschlag für die Handoberfräse ein Stück Holz mit einer Zwinge an der Seitenwand. Mit einem 10-mm-Spiralnutfräser mit positiver Spirale gelingen die glattesten Schnitte.

SÄGEN SIE DIE 3°-SCHRÄGE am Deckel, Boden und feststehenden Einlegeboden von der vorderen Mitte bis jeweils zu den Enden. Ich führe jeden Schnitt mit einem Präzisions-Gehrungsanschlag und einem Stoppklotz aus.

Anschrägen

1. Sägen Sie den Deckel und den Boden mit einem Präzisions-Gehrungsanschlag auf der Tischkreissäge und befestigen Sie dazu mit einer Zwinge einen Stoppklotz, damit der Schnitt exakt ausgeführt wird. Um den Stoppklotz auszurichten, müssen Sie die Stelle finden, an der das Sägeblatt auf eine auf der Vorderseite des Werkstücks markierte Mittellinie trifft. Drehen Sie das Werkstück in Querrichtung um, um die gegenüberliegende Seite zu sägen **(Foto E)**.

2. Neigen Sie das Sägeblatt in einem Winkel von 3° und stellen Sie den Parallelanschlag zum Sägen der Seitenwände entsprechend den Deckel- und Bodenschrägen ein.

Rückwand

1. Hobeln Sie zunächst Holz auf 16 mm Stärke. Leimen Sie Stücke zu zwei je etwa 254 mm breiten Rückwandhälften zusammen, die Sie dann auf 13 mm Stärke hobeln. Auf der Tischkreissäge längen Sie die zweiteilige Rückwand ab und sägen sie auf Fertigbreite. (Man beachte, dass die beiden Rückwandhälften aufgrund der Nut-und-Feder-Verbindung unterschiedlich breit sind.)

2. Sägen Sie an den Außenkanten der Rückwandhälften 6 x 6 mm große Federn, die in die Seitenwände, den Deckel und den feststehenden Einlegeboden passen **(Foto F)**. Sägen Sie zwischen den beiden Rückwandhälften eine Nut-und-Feder-Verbindung (weitere Informationen zu Federn und Nut-und-Feder-Verbindungen finden Sie auf S. 105–106).

3. Fräsen Sie für die Rückwand 6 mm breite und 6 mm tiefe Nuten in die Seitenwände, den Deckel und die Oberkante des feststehenden Einlegebodens. Arbeiten Sie dabei mit der Handoberfräse mit 6-mm-Spiralnutfräser mit positiver Spirale und stellen Sie den Anschlag so ein, dass der Fräser 14 mm von der Hinterkante der Teile entfernt fräst **(Foto G)**.

SÄGEN SIE AUF DER TISCHKREISSÄGE an den Außenkanten der Rückwand Federn. Sägen Sie an der Schnittlinie der beiden Rückwandhälften eine Nut-und-Feder-Verbindung.

FRÄSEN SIE DIE NUT für die Rückwand. Stellen Sie den Fräseranschlag so ein, dass der Schnitt 14 mm neben der Werkstückkante verläuft.

Montagevorbereitung

1. Bohren Sie die Löcher für die Bodenträger 38 mm von den Vorder- und Hinterkanten der Seitenwände entfernt. Die 6-mm-Löcher im Abstand von 25 mm sind 13 mm tief. Es gibt 12 Löcher, von denen sich das erste 127 mm oberhalb des feststehenden Einlegebodens befindet (267 mm oberhalb der Seitenwandunterkante). Ich habe die Bleistiftlinien angerissen und das Werkstück mit einem Führungsanschlag auf der Ständerbohrmaschine in der richtigen Entfernung gehalten **(Foto H)**.

2. Fräsen Sie die Ausklinkungen für die Zapfenbänder. Markieren Sie, ab wo und wie weit Sie mit der Handoberfräse fräsen. Stellen Sie die Frästiefe entsprechend der Stärke des Zapfenbandblatts ein, sodass es bündig mit der Oberfläche ist und das Herausziehen und Hineinschieben der Schublade nicht behindert **(Foto I)**. Weitere Informationen über das Anreißen und Fräsen von Ausklinkungen für Zapfenbänder finden Sie auf den S. 70 und 75–77.

3. Fräsen Sie in die Unterseite des feststehenden Einlegebodens mit einem 19-mm-Fräser mit der Handoberfräse eine 6 mm tiefe Nut für eine Schubladenauszugsbegrenzung. Fräsen Sie von der Hinterkante bis 32 mm vor die Vorderkante **(Foto J)**.

4. Schleifen Sie alle Teile sorgfältig, ehe Sie sie zusammenbauen. Ich schleife beginnend mit Körnung 150 bis Körnung 320. Bei einigen Teilen glätte ich die Kanten mit einem Fasefräser in der Handoberfräse, andere glätte ich mit dem Hobel, wie in Foto M auf S. 156 abgebildet. Alternativ können Sie mit einem Schleifklotz arbeiten. Schleifen Sie zuerst das Hirnholz und dann das Längsholz. Fasen Sie auch die Zinken an den Seitenwänden leicht an. Dadurch sehen sie am fertigen Schrank nicht nur besser aus, sondern lassen sich auch leichter montieren.

TIPPS & TRICKS

Bohrlöcher für Bodenträger bohren Sie akkurat mit einem Bohrer mit Zentrierspitze.

BOHREN SIE 6-MM-LÖCHER für die Bodenträger. Befestigen Sie mit einer Zwinge einen Anschlag am Tisch, der die Löcher im Abstand von 38 mm zur Materialkante ausrichtet.

FRÄSEN SIE DIE AUSKLINKUNGEN für die Zapfenbänder mit einem 10-mm-Nutfräser. Mit dem Anschlag wird der Fräserabstand zur Kante genau eingehalten. Bleistiftpunkte markieren, ab wo und bis wohin der Fräser fräsen soll.

FRÄSEN SIE MIT EINEM 19-MM-FRÄSER eine 8 mm tiefe Nut als Schubladenauszugsbegrenzung.

Korpus zusammenbauen

1. Machen Sie einen Probeaufbau, um Passungsprobleme der Teile nach dem Verleimen zu vermeiden. Müssen Sie zu viel Kraft aufwenden, kann entweder der Deckel oder die Seitenwand reißen. Es ist daher besser, Korrekturen vorzunehmen, als die Teile zu stark zu belasten. Sind Sie mit der Passung zufrieden, tragen Sie auf die Innenseite der Zapfenverbindung Leim auf und setzen den festen Einlegeboden ein, der beide Seitenwände verbindet. Stecken Sie dann die Rückwand in die Nuten. Tragen Sie vorsichtig Leim auf die Zinken auf **(Foto K)** und zwar nur dort, wo man ihn bei fertig montierter Verbindung nicht sieht. Montieren Sie dann den Deckel.

2. Leichtes Einklopfen mit einem kleinen Klüpfel sollte ausreichen, um die Verbindung zu schließen. Dämpfen Sie die Schläge mit einem untergelegten Holzstück ab, damit die darunterliegende Holzfläche nicht beschädigt wird. Ist der Deckel montiert, drehen Sie den Korpus um und montieren den Boden.

TRAGEN SIE LEIM auf die Zinken auf. Vermeiden Sie solche Bereiche der Holzverbindung, die später an der Schrankaußenseite sichtbar sind.

Untergestell bauen

Die Zapfenlöcher sind so angeordnet, dass sie sich an den Ecken nicht schneiden und die Holzverbindung dadurch schwächen. Reißen Sie sie also sorgfältig an.

1. Sägen Sie die Untergestellteile aus massivem Ahornholz zu. Beginnen Sie mit den Beinen. Ihr Querschnitt beträgt 38 x 38 mm. Längen Sie die Beine ab.

2. Reißen Sie die Zapfenlöcher sorgfältiig an (siehe die Zeichnung auf der gegenüberliegenden Seite). Vor dem Anreißen müssen Sie noch den ansprechendsten Faserverlauf auswählen und sich ein System zur Kennzeichnung der Außenflächen nebeneinanderliegender Beine ausdenken, damit Sie immer wissen, an welche Stelle des fertigen Gestells das Bein gehört. Reißen Sie die Zapfenlöcher mit Lineal und Winkel an **(Foto A)**. Man beachte, dass die vordere und die hintere Blende zwei Zapfen an jedem Ende haben und die zugehörigen Beine demzufolge zwei Zapfenlöcher erhalten müssen. Die Seitenblenden haben an jedem Ende einen größeren Zapfen.

REISSEN SIE DIE ZAPFENLÖCHER an den Beinen mit Lineal, Bleistift und Winkel an. Kennzeichnen Sie auf jedem Bein seine Position im Untergestell. Die Zapfenlöcher sind 10 mm breit und liegen 10 mm neben der Beinaußenkante.

SCHNEIDEN SIE DIE ZAPFENLÖCHER mit einer Stemmmaschine und einem 10-mm-Stemmeisen etwas tiefer als 25 mm. Stellen Sie den Anschlag so ein, dass die Zapfenlöcher 10 mm neben der Beinaußenkante liegen.

Detail Bein

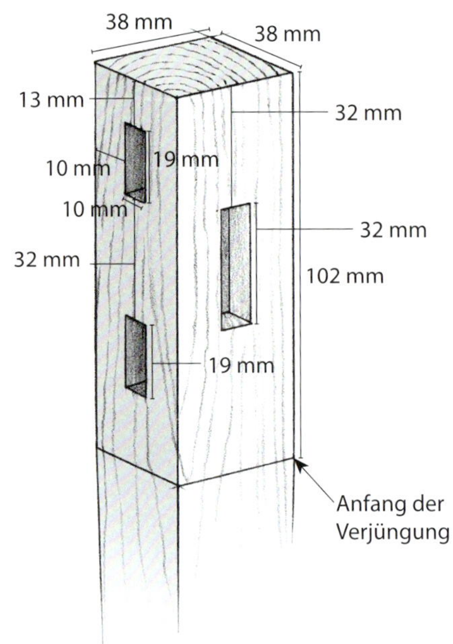

3. Stellen Sie mit Anschlag und Stoppklotz die Position des Materials zum Stemmeisen ein. Schneiden Sie etwas tiefer als 25 mm. So stellen Sie sicher, dass die 25 mm langen Zapfen bei der Montage sauber sitzen **(Foto B)**.

4. Neigen Sie das Kreissägeblatt auf 3° und sägen Sie an der Vorderseite jedes Vorderbeines entlang, wobei die mit Zapfenlöchern versehene Seite nach oben zeigt. Dadurch erhalten die Vorderbeine denselben Winkel wie der Schrankkorpus **(Foto C)**.

5. Lassen Sie die Beine an der Innenseite erst ab 102 mm unterhalb der Oberkante konisch zulaufen. Dadurch beträgt die Beinabmessung an der Unterkante 25 x 25 mm. Dass die Verjüngung 102 mm unterhalb der Oberkante beginnt, sorgt dafür, dass sie nicht mit den Zapfenverbindungen der Blenden mit den Beinen in Konflikt gerät. Die Verjüngung reißen Sie an, indem Sie ab 102 mm unterhalb der Oberkante bis zu einem Punkt 13 mm neben den Beininnenseiten eine Linie zeichnen. Sägen Sie die Verjüngung auf der Bandsäge **(Foto D)**.

Da die Vorderbeine passend zur Schrankvorderseite geformt sind, sollten sie nicht bei nach unten liegender Vorderseite gesägt werden. Entfernen Sie Sägespuren mit dem Abrichthobel oder einem scharfen Handhobel. Ein präziser Bandsägenschnitt hält den Aufwand fürs Hobeln sehr klein und sorgt für eine exakte Kontur.

SÄGEN SIE DIE VORDERSEITE der Vorderbeine im Winkel von 3°.

VERJÜNGEN SIE DIE BEININNENSEITEN auf der Bandsäge. Die Verjüngung beginnt 102 mm unterhalb der Beinoberkante.

SÄGEN SIE DIE ZAPFENBRÜSTUNGEN mit dem Ablängschlitten. Mit einem Stoppklotz wird die Zapfenlänge auf 25 mm eingestellt.

ENTFERNEN SIE DAS HOLZ zwischen den beiden Zapfen mit mehreren aufeinanderfolgenden Schnitten. Bei jedem Schnitt werden 3 mm abgetragen.

Blenden herstellen und Untergestell montieren

1. Sägen Sie das Material für die Blenden. Für die Rückseitenblende und die Seitenblenden muss es 22 mm stark sein. Für die vordere Blende sind 35 mm erforderlich, damit man sie im gleichen Winkel anschrägen kann wie den Schrankkorpus. Sägen Sie dann auf Breite und Länge.

2. Sägen Sie die Zapfenbrüstungen auf dem Kreissägeschlitten. Stellen Sie einen Stoppklotz so ein, dass der Schnitt 25 mm neben der jeweiligen Blendenkante erfolgt. Mit Ausnahme der Vorderseite der Vorderblende wird die Schnitthöhe auf 6 mm über dem Schlitten eingestellt **(Foto E)**. Für die Vorderseite der dickeren Vorderblende stellen Sie die Schnitthöhe auf 19 mm ein. Sägen Sie von beiden Seiten, sodass der Zapfen 10 mm stark wird.

3. Sägen Sie die Zapfen auf Breite. Stellen Sie dazu die Blende auf die Schmalseite. Arbeiten Sie mit Schlitten und Stoppklotz, und entfernen Sie das Holz zwischen den beiden Zapfen an der vorderen und der hinteren Blende mit mehreren aufeinanderfolgenden Schnitten **(Foto F)**.

4. Sägen Sie die Zapfen mit der Tischkreissäge und einer Zapfenschneidevorrichtung auf 10 mm Stärke. Machen Sie für eine eventuelle Korrektur der Zapfenstärke eine Probeverbauuung mit den Zapfenlöchern in den Beinen. Wenn Sie einen Probezapfen aus Abfallholz zuschneiden, können Sie die Passung damit genau abstimmen **(Foto G)**.

SÄGEN SIE DIE ZAPFEN auf 10 mm Stärke. Arbeiten Sie mit einer Zapfenschneidevorrichtung, und vergessen Sie nicht, immer die gleiche Seite an die Vorrichtung zu halten, damit alle Zapfen die gleiche Lage erhalten.

SÄGEN SIE DIE WINKEL an der vorderen Blende auf der Bandsäge. Glätten Sie den Schnitt durch Schaben und Schleifen.

SÄGEN SIE DIE VORDERE und hintere Blende auf der Bandsäge.

5. Reißen Sie bei hochkant stehendem Material jedes Ende 13 mm neben der vorderen Ecke an. Verbinden Sie die Punkte mit der Vorderseitenmitte. Sägen Sie die Winkel auf der Bandsäge **(Foto H)**.

6. Markieren Sie den Winkel an der Unterkante der vorderen und hinteren Blende. Das Material muss mit der Rückseite nach unten liegen. Messen Sie von der Bodenmitte 19 mm nach innen, und zeichnen Sie von diesem Punkt aus eine Linie bis zu den beiden unteren Ecken. Entfernen Sie das überschüssige Holz mit der Bandsäge **(Foto I)**.

7. Fräsen Sie an die Innenseite jeder Blende Schlitze zur Aufnahme der Flachdübelklötze. Die Klötze verbinden den Schrankkorpus mit dem Untergestell. Fräsen Sie die Schlitze etwa 10 mm unterhalb der oberen Innenkante. Zentrieren Sie den Schlitz auf den kurzen Blenden. In die langen Blenden fräsen Sie zwei Schlitze, deren Mitte etwa 82 mm vom Blendenende entfernt ist.

8. Schleifen Sie alle Teile sorgfältig. Fasen Sie die Kanten leicht mit der Oberfräse an. Geben Sie dann Leim in jedes Zapfenloch und ziehen Sie die Holzverbindungen mit Schraubzwingen fest.

Türen herstellen

Zuerst hobele ich das Material, richte es ab und säge es auf die richtige Breite. Dann wird es mit Ablängschlitten und Stoppklotz auf Länge gesägt, damit gleiche Teile auch gleich lang sind. Alle Maßangaben zu Holzverbindungen beziehen sich auf die Materialkanten. Es ist daher wichtig, dass alle Teile einheitliche Breiten, Längen und Stärken aufweisen. Im Zweifel schauen Sie nochmals bei den Türverbindungstechniken auf S. 48 nach.

1. Ordnen Sie alle Teile sorgfältig an, bis die Maserung jedes Teils optimal zur Geltung kommt. Kennzeichnen Sie sie **(Foto A)**. Arbeiten Sie systematisch, damit Sie wissen, welches Teil bei der Endmontage welche Position erhält.

LEGEN SIE DIE TEILE zurecht und kennzeichnen Sie die Position jedes Teils. Markieren Sie die Vorderseiten, damit Sie immer nachprüfen können, welche Seite gegen die Zapfenschneidevorrichtung gehalten werden muss.

SÄGEN SIE DIE 6 MM breiten Schlitze an die Höhenfriese unter Verwendung einer Zapfenschneidevorrichtung. Halten Sie stets die Materialvorderseite gegen die Vorrichtung.

SÄGEN SIE DIE ZAPFENBRÜSTUNGEN 44 mm neben der Materialkante. Arbeiten Sie mit einem Stoppklotz.

2. Sägen Sie die Schlitze der offenen Schlitz- und Zapfenverbindungen am Ende jedes Höhenfrieses mit der Zapfenschneidevorrichtung (**Foto B**). Stets liegt die Materialvorderseite an der Vorrichtung an. Stellen Sie die Schnittentfernung so ein, dass die vordere Schlitzwand 5 mm stark ist. Führen Sie diesen Schnitt an allen Höhenfriesenden aus, ehe Sie die Sägeblattposition verändern, um den Schlitz auf 6 mm zu verbreitern. Die hintere Schlitzwand ist 6 mm stark.

3. Sägen Sie die Zapfenbrüstungen an allen Querfriesen mit Schlitten und Stoppklotz. Der Schnitt erfolgt 44 mm vom Querfriesende entfernt (**Foto C**). Stellen Sie dazu die Schnitthöhe auf 5 mm ein, und sägen Sie an den Querfriesvorderseiten. Drehen Sie die Werkstücke auf den Kopf, und machen Sie den 6 mm tiefen Schnitt an den Rückseiten.

4. Sägen Sie die Zapfenbrüstung mit der Zapfenschneidevorrichtung (**Foto D**). Die Zapfen müssen 6 mm stark sein, prüfen Sie sie jedoch anhand der von Ihnen gesägten Schlitze.

5. Sägen Sie die Zapfeninnenkanten mit dem Ablängschlitten. Stellen Sie das Material auf die Schmalseite und verwenden Sie einen Stoppklotz, um die Zapfen auf eine Breite von 30 mm zu sägen.

6. Sägen Sie die letzte Brüstung mit dem verschiebbaren Stoppklotz, damit sich der Verschnitt nicht zwischen Sägeblatt und Stoppklotz fängt (**Foto E**). Stellen Sie die Schnitthöhe auf die soeben bei auf der Schmalseite stehendem Material gesägte Sägefugenhöhe ein.

SÄGEN SIE DIE ZAPFEN auf ihre endgültige Stärke und Breite, sodass sie zu den Schlitzen passen. Die Zapfen und die Schlitzwände sind etwas länger als erforderlich, damit man sie nach der Montage bündig schneiden kann.

REISSEN SIE EINEN 2°-WINKEL an den Querfriesinnenkanten an. Markieren Sie dazu 6 mm von der Querfriesinnenkante nach unten gemessenen Punkt, und verbinden Sie diesen mit der Ecke.

7. Formen Sie die Querfrieskontur, nachdem Sie die Holzverbindungen fertiggestellt haben. Ich habe die Querfriese so konzipiert, dass sie in der Schrankmitte schmal sind und sich in das von Winkeln geprägte Gesamtbild einfügen. Das macht es erforderlich, jede Querfriesinnenkante, wie auf Foto F zu sehen, um 2° konisch zulaufen zu lassen. Reißen Sie an jedem Querfries 6 mm ab unterer Innenkante einen Punkt an und verbinden Sie ihn mit der unteren Außenkante. Sägen Sie jeweils entlang dieser Linie mit der Bandsäge und glätten Sie den Schnitt mit dem Abrichthobel. Je genauer Sie sägen, desto weniger Aufwand haben Sie beim Verputzen mit dem Abrichthobel.

8. Sägen Sie mit der Tischkreissäge eine 6 mm breite und 6 mm tiefe Nut in die Innenseite der Quer- und Höhenfriese. Stets muss die Materialrückseite am Anschlag liegen. Verändern Sie die Anschlagposition, um den Schnitt auf 6 mm zu verbreitern (Foto G).

SÄGEN SIE ZUR AUFNAHME der Türfüllungen 6-mm-Nuten in die Innenkante der Rahmenteile. Die Materialrückseite zeigt zum Anschlag.

Türfüllungen herstellen

1. Sägen Sie die Türfüllungen auf die richtige Breite, und reißen Sie ihre Länge an, ehe Sie sie endgültig zuschneiden. Kennzeichnen Sie mit einer 6 mm vom unteren Ende entfernten Bleistiftlinie, wo die Füllung in das Rahmeninnere stößt. Legen Sie den probeweise montierten Türrahmen auf eine Türfüllung und markieren Sie ein Ende mit einem spitzen Bleistift (Foto H).

ÜBERTRAGEN SIE DIE WINKEL. Legen Sie eine probeweise vormontierte Tür auf die Füllung. Übertragen Sie die Kontur an jedem Ende, um zu kennzeichnen, wo der Schnitt auf Fertiglänge erfolgen muss.

SÄGEN SIE DEN WINKEL an jedem Füllungsende mit einem auf den richtigen Winkel eingestellten Präzisions-Gehrungsanschlag.

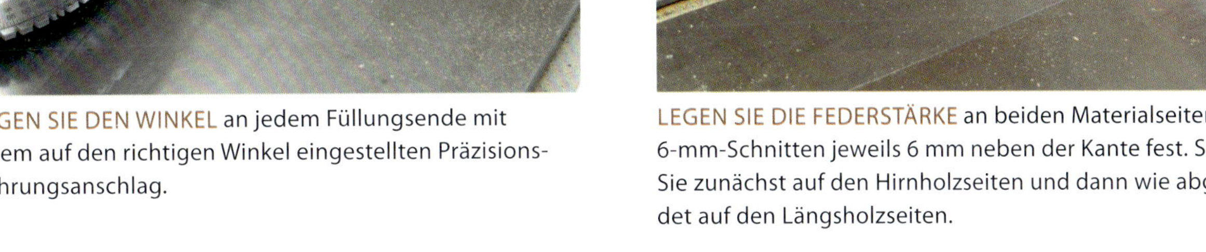

LEGEN SIE DIE FEDERSTÄRKE an beiden Materialseiten mit 6-mm-Schnitten jeweils 6 mm neben der Kante fest. Sägen Sie zunächst auf den Hirnholzseiten und dann wie abgebildet auf den Längsholzseiten.

2. Schieben Sie den Rahmen auf der Füllung um 13 mm nach oben, um die 6-mm-Federn an jedem Ende zu berücksichtigen. Verfahren Sie in der gleichen Weise an den Seiten. Reißen Sie dann die Füllungsoberkante an.

3. Sägen Sie die Kontur der Kassettenfüllungen entlang der angerissenen Linien mit der Tischkreissäge und einem Präzisions-Gehrungsanschlag (**Foto I**).

4. Sägen Sie die Federn an den Kassettenfüllungen auf der Tischkreissäge (Fotos J, K). Die Arbeitsweise ähnelt der aus dem Gewürzschrankprojekt bekannten; detaillierte Informationen siehe S. 51.

SCHLIESSEN SIE DIE ARBEIT an den Federn mit Schnitten am hochkant stehenden Werkstück ab. Wiederum sägen Sie zunächst die Schmal- und dann die Längsseiten, um Holzausrisse zu entfernen.

SCHNEIDEN SIE DIE GEHRUNGEN in den Türecken mit einem geraden Stechbeitel.

FASEN SIE DIE KASSETTENFÜLLUNGSKANTEN an. Hobeln Sie zunächst die Hirnholz- und dann die Längsholzseiten.

Türen fertigstellen

1. Halten Sie den Türrahmen mit Schraubzwingen oder Bankhaken zusammen und fräsen Sie mit einem 45°-Fräser eine 3-mm-Fase an die Türrahmeninnenkanten. Beenden Sie den Schnitt mit einem geraden Stechbeitel **(Foto L)**. Stechen Sie mit dem Beitel zunächst im 45°-Winkel direkt in die Ecke, und schneiden Sie dann an den Anfasungen entlang.

2. Fasen Sie die Kanten der Kassettenfüllungen mit einem Hobel an. Beginnen Sie mit den Schmalseiten, damit eventuelle Ausrisse beim Anfasen der Längsseiten entfernt werden **(Foto M)**.

3. Sind alle Türkomponenten montiert, tragen Sie Leim auf die Zapfen auf und drücken die Teile fest zusammen. Prüfen Sie durch Messen von Ecke zu Ecke auf Rechtwinkligkeit. Korrigieren Sie ggf. durch Pressdruck mittels auf die Längskanten gesetzter Schraubzwingen. Setzen Sie dann C-Zwingen mit Unterlegklötzen an, um den Pressdruck auf die offenen Schlitz- und Zapfenverbindungen zu verteilen.

4. Sind die Türen zusammengebaut, schneiden Sie den Zapfenüberstand bündig, fräsen eine kleine Fase an die Türkanten und schneiden einen 3°-Winkel an die Innenkanten, wo die Türen aufeinandertreffen. Dadurch wird der Spalt besser geschlossen.

5. Fräsen Sie die Ausklinkungen für die Zapfenbänder. Stellen Sie zunächst die Höhe des 10-mm-Fräsers auf die Stärke eines Zapfenbandblattes ein. Messen Sie dann den Abstand zwischen den Seitenwänden und den Ausklinkungen in Boden und Deckel. Richten Sie den Anschlag mit diesem Maß zur Innenkante des Fräserschnitts ein. Schieben Sie den Anschlag 0,75 mm nach vorne, klemmen Sie ihn fest und machen Sie einen Probeschnitt in Abfallholz. Mit dieser Prüflehre können Sie das tatsächliche Spiel zwischen Tür und Schrankkorpus überprüfen. Stellen Sie den Anschlag so ein, dass Sie ein Spiel von 0,75 mm oder etwas mehr erhalten. Setzen Sie dann einen Stoppklotz für die Schnittlänge. Halten Sie die Türecke fest an den Anschlag und schieben Sie sie zum Fräsen der Ausklinkungen wie abgebildet **(Foto N)** gegen den Stoppklotz. Schneiden Sie die Ausklinkung mit einem 10-mm-Beitel rechtwinklig.

FRÄSEN SIE DIE SCHARNIERAUSKLINKUNGEN mit einem 10-mm-Fräser. Der Stoppklotz ist genau auf die Schnittlänge eingestellt.

Schublade herstellen

Die Schwalbenschwanzverbindungen für die Schublade sind einfach zu schneiden, da nur wenige erforderlich sind. Sägen Sie zuerst die schräge Schubladenfront. Reißen Sie dann mit Streichmaß, Schmiege, Winkelmaß, Bleistift und Messer die Holzverbindungen an, und arbeiten Sie genau so, wie bei den Zinken und Schwalbenschwänzen am Schrankkorpus.

SCHNEIDEN SIE DIE ZINKEN. **Nach dem Anreißen der Zinken sägen Sie mit einer Rückensäge bis zur Risslinie.**

ENTFERNEN SIE DAS HOLZ **zwischen den Zinken. Sägen Sie möglichst viel weg, und arbeiten Sie mit dem Beitel bis zur Risslinie nach.**

1. Reißen Sie die Zinken wie auf S. 142 gezeigt an, hier allerdings nur drei Zinken. An der Schubladenfront handelt es sich bei den beiden Zinken an den Enden um halbe Zinken. Reißen Sie bei 14 mm eine Linie an. Auf der Rückseite können Sie die Zinken mit variablem Abstand anordnen. Reißen Sie die Linie bei 13 mm an.

2. Sägen Sie die Zinken mit einer Rückensäge bis hinunter zur Risslinie **(Foto A)**.

3. Entfernen Sie das überschüssige Holz mit der Bandsäge oder einer Laubsägeiben. Arbeiten Sie mit einem scharfen Beitel nach **(Foto B)**.

4. Übertragen Sie die Kontur der Zinken auf die Seiten. Reißen Sie die Schwalbenschwänze an. Sägen Sie bis zur Risslinie und entfernen Sie das überschüssige Holz.

5. Fräsen Sie zur Aufnahme des Bodens eine 6 mm breite und 6 mm tiefe abgesetzte Nut in die Innenseite der Teile. Die Nut liegt an Vorderseite, Seiten und Rückwand 6 mm oberhalb der Unterkante. Setzen Sie die Nut unmittelbar am Beginn der Holzverbindungen ab. Fräsen Sie nicht bis zur Kante durch, da sie dann an der Schubladenaußenseite sichtbar wird **(Foto C)**.

6. Um Schubladengriffe zu vermeiden, die beim Schließen der Türen hindern würden, habe ich mich für Fingerlöcher entschieden. Bohren Sie auf der Ständerbohrmaschine zwei Löcher mit 25 mm Durchmesser in die Front. Ich habe sie beidseitig 41 mm unterhalb der Schubladenoberkante und 108 mm von der Schubladenmitte entfernt angeordnet.

FRÄSEN SIE DIE ABGESETZTEN NUTEN **zur Aufnahme des Schubladenbodens. Reißen Sie Schnittbeginn und -ende an und fräsen Sie im Zwischenraum.**

7. Leimen Sie die Schublade und bauen Sie sie zusammen. Damit die eingeschobene Schublade mit der Schrankrückwand fluchtet, habe ich einen Messingstift als Anschlag verwendet. Fräsen Sie für den Stift an den Schubladenaußenseiten eine 8 mm breite abgesetzte Nut etwa 30 mm oberhalb der Schubladenseitenunterkante. Die Nut muss etwa 25 mm lang sein. Orientieren Sie sich an den gefrästen Nuten und legen Sie fest, wo Sie in jede Schrankkorpusseite ein 5-mm-Loch bohren müssen **(Foto D)**. Bohren Sie in der Mitte der Oberkante der Schubladenrückseite für einen als Anschlag dienenden Messingstift ein weiteres Loch.

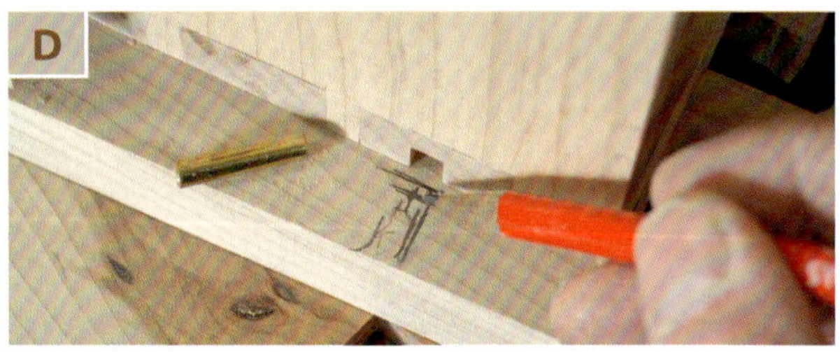

POSITIONIEREN SIE DAS LOCH für den Schubladenanschlag mittels der in die zusammengebaute Schublade gefrästen Nut. Um die exakte Position zu finden, richten Sie die Schublade mit der Unterkante der Korpusseitenwand aus. Von der Schubladenhinterkante aus betrachtet, entspricht die Entfernung der Länge der gefrästen Nut, d.h. etwa 25 mm.

Abschließende Detailarbeiten

Krenovsche Schränke sind berühmt für ihre interessanten Details – handgeschnitzte Knäufe und Griffe, Bodenträger und Schließmechanismen. Seine Schränke teilen ihre auf das Wesentliche beschränkte Schlichtheit mit den Arbeiten einer anderen Gruppe einzigartiger amerikanischer Handwerker, den Shakern. Ich habe mich für den Spagat zwischen beiden entschieden und habe meine Schrankgriffe auf Basis eines Shaker-Entwurfs gefertigt.

1. Drechseln Sie Shaker-Knäufe wie im ersten Schrankprojekt (siehe S. 23). Interpretieren Sie sie auf der Tischkreissäge neu. Bei dieser Vorgehensweise sind genau sitzende Zapfen und zwei gleiche Knäufe entscheidend. Verwenden Sie eine Leiste als Schlitten, auf dem Sie den Knauf beim Schnitt führen. Sägen Sie eine Kerbe in den Schlitten, damit Sie den Knauf mit einer Schraube im Zapfenende befestigen können. Ich habe das Sägeblatt leicht geneigt, um den Effekt zu verstärken **(Foto A)**.

2. Stellen Sie die Flachdübelklötze her. Fräsen Sie die Schlitze, solange das Material noch nicht in einzelne Klötze gesägt ist. Bohren und senken Sie zwei Schraublöcher in jedem Klotz an **(Foto B)**. Setzen Sie dann Flachdübel ein und befestigen Sie die Klötze an der Untergestellinnenseite. Schrauben Sie durch die Klötze in den Korpusboden.

3. Tragen Sie ein Oberflächenmittel Ihrer Wahl auf und montieren Sie die Scharniere. Befestigen Sie die Türmagnete und die Griffe.

ARBEITEN SIE DEN SHAKER-KNAUF auf der Tischkreissäge nach. Verwenden Sie einen selbst gebauten Schlitten, um ihn sicher am Sägeblatt entlangzuführen.

BOHREN SIE AUF DER STÄNDERBOHRMASCHINE durch die Flachdübelklötze. Die Bohrlochpositionen steuern Sie mit Stoppklötzen. Senken Sie die Bohrlöcher an, damit die Schrauben mit der Klotzoberfläche bündig sind.

Die Praxis-Reihe:

WERKSTATTWISSEN FÜR HOLZWERKER

Möbelbau

Grundlagen, Konstruktionen, Tricks & Kniffe

Das führende Möbelbau-Buch auf Deutsch! Von der grundlegenden Konstruktion von Schränken und Kästen geht es über Regale, Türen, Böden, Stühle, Blendrahmen und Tischplatten durch wirklich alle Bereiche des Möbelbaus. Dazu erläutert Andy Rae den Zusammenbau dieser Teile und geht ausführlich auf Beschläge und Verbindungen ein. Alles detailliert in Schritt-für-Schritt-Anleitungen, in Bild und Text.

326 Seiten, 23,1 x 27,2 cm, 1048 farbige Fotos und Zeichnungen, gebunden
Best.-Nr. 9160
ISBN 978-3-86630-962-3

Weitere interessante Titel aus dieser Reihe:

Handbuch Elektrowerkzeuge

Sägen – Schleifen – Bohren

Ein konzentrierter Überblick über alle (Hand-) Elektrowerkzeuge für das Arbeiten mit Holz.

384 Seiten, inkl. DVD mit ca. 3 Stunden Spielzeit, 23,1 x 27,2 cm, durchgehend farbige Fotos, gebunden
Best.-Nr. 9166
ISBN 978-3-86630-969-2

Handbuch Oberfräse

Auswählen, bedienen, beherrschen

In diesem Buch erfährt der Leser wirklich alles, was es über die Oberfräse zu wissen gibt!

280 Seiten, inkl. DVD mit ca. 2 Stunden Spielzeit, 23,1 x 27,2 cm, 1244 farbige Fotos, gebunden
Best.-Nr. 9155
ISBN 978-3-86630-949-4

Werkstatthilfen selber bauen

Sicher spannen, führen, halten

Das Buch zeigt Herstellung und Einsatz von Hilfsmitteln um Werkzeuge zu führen und Werkstücke zu halten, oder umgekehrt.

266 Seiten, 23,1 x 27,2 cm, 1077 farbige Fotos und Zeichnungen, gebunden
Best.-Nr. 9154
ISBN 978-3-86630-948-7

Holzverbindungen

Auswählen, konstruieren, bauen

Alles in einem Buch: Von der einfachsten Konstruktion „auf Stoß" bis zu komplexen Schlitz- und Zapfen-Verbindungen.

344 Seiten, 23,1 x 27,2 cm, 1448 farbige Fotos und Zeichnungen, gebunden
Best.-Nr. 9156
ISBN 978-3-86630-951-7

HolzWerken
www.holzwerken.net

Vincentz Network GmbH & Co. KG
HolzWerken
Plathnerstr. 4c
30175 Hannover

Tel. +49 (0) 511 99 10-033
Fax +49 (0) 511 99 10-029
buecher@vincentz.net
www.holzwerken.net

Weitere Titel finden Sie im Online-Shop: www.holzwerken.net/shop